特异 茶树种质 图志

陈常颂　单睿阳　等　著

图志

中国农业科学技术出版社

图书在版编目（CIP）数据

特异茶树种质图志 / 陈常颂等著. ‒‒北京：中国农业科学技术出版社，2022.10
ISBN 978-7-5116-5966-8

Ⅰ. ①特…　Ⅱ. ①陈…　Ⅲ. ①茶树‒种质资源‒福建‒图集　Ⅳ. ① S571.102.4‒64

中国版本图书馆 CIP 数据核字（2022）第 188312 号

责任编辑　徐定娜
责任校对　李向荣
责任印制　姜义伟　王思文

出 版 者　中国农业科学技术出版社
　　　　　北京市中关村南大街 12 号　邮编：100081
电　　话　（010）82105169（编辑室）
　　　　　（010）82109702（发行部）
　　　　　（010）82109709（读者服务部）
传　　真　（010）82109707
网　　址　https://castp.caas.cn
经 销 者　各地新华书店
印 刷 者　北京科信印刷有限公司
开　　本　185 mm×260 mm　1/16
印　　张　11.5
字　　数　240 千字
版　　次　2022 年 10 月第 1 版　2022 年 10 月第 1 次印刷
定　　价　128.00 元

《特异茶树种质图志》
研究资助

国家茶叶产业技术体系（CARS-19）

国家茶树改良中心福建分中心

福建省茶树种质资源共享平台

福建省茶树育种工程技术研究中心

"5511"协同创新工程——福建优异茶树种质遗传特性与生化品质变化规律研究（XTCX-GC2021004）

福建省级种质资源保护单位建设专项——福建省茶种质资源圃（ZYBHD-WZX0011）

福建省农业种质资源创新专项——福建原生茶树种质资源保护鉴定与开发利用（ZZZYCXZX0003）

福建省农业科学院茶叶创新团队（STIT2017-1-3）

《特异茶树种质图志》
著者名单

主　著：

陈常颂　国家茶树改良中心福建分中心　主任

　　　　国家茶叶产业技术体系乌龙茶品种改良　岗位专家

　　　　福建省茶树种质资源共享平台　主任

　　　　福建省茶树育种工程技术研究中心　主任

　　　　福建省农业科学院茶叶研究所　所长、研究员、硕导

单睿阳　福建省农业科学院茶叶研究所　助理研究员、硕士

著　者：

孔祥瑞　福建省农业科学院茶叶研究所　助理研究员、硕士

游小妹　福建省农业科学院茶叶研究所　副研究员、硕士

王秀萍　福建省农业科学院茶叶研究所　副研究员、博士

钟秋生　福建省农业科学院茶叶研究所　副研究员、硕士

陈志辉　福建省农业科学院茶叶研究所　副研究员、博士

林郑和　福建省农业科学院茶叶研究所　副研究员、博士

李鑫磊　福建省农业科学院茶叶研究所　助理研究员、博士

张亚真　福建省农业科学院茶叶研究所　助理研究员、博士

郑士琴　福建省农业科学院茶叶研究所　助理研究员、博士

朱晓芳　福建省农业科学院茶叶研究所　硕士

张　弋　福建省农业科学院茶叶研究所　硕士

韩奥迪　福建省农业科学院茶叶研究所　硕士

钟思彤　福建省农业科学院茶叶研究所　硕士

序

茶是世界上仅次于水的第二大饮料，其消费者遍及 160 多个国家和地区，饮茶人口近 30 亿。中国是世界茶树原产地，也是最早发现和利用茶的国家。中国拥有全世界最丰富的茶树种质资源，也是拥有茶品类最多的国家。茶既是生活饮品，更是中国文化名片。特别是随着中国加入世界贸易组织及"一带一路"倡议的提出，中国已经发展为世界第一大产茶国、第一大消费国和第二大出口国。同时，茶产业在我国实施精准扶贫和乡村振兴战略中发挥了十分重要的作用，将成为全面推进乡村振兴的支柱产业。

科技创新是中国茶产业发展永恒的第一动力。茶树品种资源创新是实现我国茶叶高产优质的源头，而茶树种质资源是研究茶树起源演化与分类、创制新品种、改良现有品种的原始材料，是实现生态安全和茶业可持续发展的重要保障。对于种业而言，正所谓"育的是品种，竞争却在资源"，因此，保护茶树种质资源既是产业的需要，也是国家战略需求。

作为茶树的发源地，中国的种茶历史悠久、茶区分布辽阔，经过人工培育以及复杂的自然条件影响，形成了丰富多彩的茶树种质资源，成为我国和世界各国开展茶树种质资源研究利用和品种选育的珍贵宝库。目前，国内外育种工作者经过对种质资源的分析研究，筛选获得了部分特异茶树种质资源，如高香型、功能成分异常型（高酯型儿茶素、低咖啡碱、高氨基酸、高花青素等）、抗性超强型等种质，这些特异种质资源在加速茶树新品种培育，满足人们对健康美好生活需求的同时，还带来了显著的社会和经济效益。

福建省是中国最重要的产茶省之一，茶叶产量、产值、茶叶品类数均居全国第一。同时，福建素有"茶树良种王国""茶树品种宝库"之称，是茶树品种多、无性系茶树良种普及率最高的茶叶大省。福建省农业科学院茶叶研究所创建于 1935 年，是福建省唯一的省级茶叶综合研究机构，也是福建茶树育种研究的核心机构，拥有福建省历史最悠久、基础最扎实、力量最雄厚、平台最完善、成效最明显的茶树资源与育种团队，为促进福建乃至全国的茶园无性系建设、良种化水平和茶区品种及茶类结构优化作出了卓越贡献。从20世纪50年代起，福建省农业科学院茶叶研究所就开始对全国主要茶区的茶树品种资源开展广泛普查、收集与系统鉴定工作，建成了全国首个、福建最大的茶树品种资源圃，保存了国内外1 000多个茶树品种资源和4 000多份种质（含优异育种材料）；建立了福建省乌龙茶种质资源圃，收集保存乌龙茶种质资源、新品种及杂交种质1 000份，已成为我国乌龙茶品种资源收集保存与鉴定利用中心；该所至今已育成国家级、省级品种24个，4个品种获得新品种权保护，这些品种已在全国主要产茶区大面积推广；还有一大批新品系正在区域试验、品种权申请中。当前，陈常颂研究员领衔的国家茶叶产业技术体系乌龙茶品种改良团队在茶树新品种选育及资源利用、茶树种质资源的亲缘关系、遗传多样性分析及遗传图谱构建等方面开展了一系列高水平的创新研究。

国家茶叶产业技术体系乌龙茶品种改良团队在多年潜心研究的基础上出版此书，是对我国目前已有特异茶树种质资源的阶段性总结，精炼的文字和高清的各类表型图像、分析图表，将福建省农业科学院茶叶研究所选育和保存的黄叶种、紫叶种、变态叶、特小叶及国内的特色种质的形态特征、生物学特性、生化特性、茶类适制性及亲缘关系分析和SSR分子指纹图谱构建等，以深入浅出、直观形象的方式呈现给读者，既可为专业人士提供学术参考，又可为茶叶及茶文化爱好者提供科普知识，是一本珍贵的茶学专著。

在《特异茶树种质图志》即将付梓出版之际，衷心祝愿这本书能引起读者对特异茶树资源的兴趣和关注，为茶叶科技创新、科学普及及人们健康美好生活发挥积极的促进作用！也祝愿福建省农业科学院茶叶研究所对茶树种质资源的持续收集、保存和研究取得越来越多的创新成果，为推动中国茶产业高质量发展作出更大的贡献！

中国工程院院士
湖南农业大学学术委员会主任
刘仲华

序

种子是农业的"芯片"。早在 2020 年,中央经济工作会议就明确指出,要加强种质资源保护和利用,加强种子库建设;2022 年,中央一号文件明确指出,全面实施种业振兴行动方案;2022 年 10 月,党的二十大报告强调,深入实施种业振兴行动。

农业种质资源是现代种业发展的基础,是国家战略资源。"十四五"期间,国家已经明确将种业作为农业科技攻关及农业农村现代化的重点任务来抓。茶树种质资源也是发展茶叶生产和加强科学研究的重要物质基础。紧密依托茶树种质资源的遗传多样性、系统挖掘和利用茶树种质资源,是从源头上保障茶树种业安全与茶产业特色化发展的重要途径。

福建是我国产茶大省,茶产业在全省脱贫攻坚和乡村振兴中发挥着重要的产业支撑作用。得益于福建独特的生态环境、丰富的种质资源及多茶类生产技艺,"多彩闽茶"享誉海内外。

福建省农业科学院茶叶研究所,作为福建省内唯一一家以茶树资源与育种研究见长和立所的科研单位,从 20 世纪 50 年代起,就开始开展茶树种质资源的征集、保存、鉴定、利用等工作,建有全国最早(1957 年)、福建最大的"福建省茶树种质资源圃"。经过几代育种科技者的薪火相传和不懈努力,茶树种质资源保存鉴定、杂交创制和茶树良种选育方面硕果累累,先后育成福云 6 号、金观音、瑞香、金牡丹等茶树品种 24 个,皇冠茶、韩冠茶等 4 个品种获得植物新品种权保护。拥有国家茶树改良中心福建分中心、农业农村部福安茶树资源重点野外科学观测试验站、农业农村部福建茶树及乌龙茶加工科学观测实验站、福建省茶树种质资源共享平台、福建省茶树育种工程技术研究中心、福建省乌龙茶种质资源圃、福建省茶树种质资源圃等多个国家级、省级技术平台。编著了中国第一本《茶树品种志》,以及《福建茶树良育种选育与应用》《福建省茶树品种图志》等多部茶树品种资源方面的著作。

随着第三次全国农作物种质资源普查与收集行动的实施,福建省农业科学院茶叶研究所在茶树原生种质、地方种、育成品种、品系、名枞、珍稀材料、引进品种和近源种等资源的保存数量和鉴定水平上又有了新的突破，完成了许多茶树种质的形态特征和经济性状鉴定，筛选获得了一批产量高、品质优或抗性强、遗传性稳定的种质，并应用于茶树品种改良。此外，基于遗传多样性、分布区域特点、性状变异等，在茶树起源与系统进化研究方面也开展了大量工作，并取得阶段性进展。在此期间，陈常颂研究员领衔的国家茶叶产业技术体系乌龙茶品种改良岗位科学家团队，从国内外征集与创制高香、特异芽梢色泽、高功能性成分茶树种质资源近千份，筛选出优特种质300多份，其中近百份在省内外示范应用，60多份新品系已在参加区域试验。

本书对省内外征集保存、杂交创新的黄（白）化、紫化及特异枝梢等具有观光价值的茶树种质资源进行了系统整理。在福建茶树种质资源圃完成了大量表型鉴定，获得了涵盖花果叶等性状在内的各类表型图像信息。也利用SSR分子标记对这些种质资源进行了基因型分型分析，构建了遗传指纹图谱。

本书涉及的特异茶树种质资源观测数据来自福建省福安市社口科研基地，对原产于云南的紫娟、浙江的安吉白茶、湖南的涟源奇曲等一大批外省特色茶树种质资源也在同一生境条件下进行系统鉴定，填补了这些特色种质在福建气候区的迁地保育试验数据空白，可为后续相关研究和开发利用提供重要参考依据。

作为专业图志，该书的出版，将对普及茶树种质资源知识和扩大特异茶树种质资源的宣传起到积极的推动作用。

中国科学院院士　谢华安

前　言

　　我国是最早发现和利用茶的国家，也是世界第一大茶叶生产国（杨亚军等，2014；《中国茶树品种志》编写委员会，2001）。坚持绿色发展方向，统筹做好茶文化、茶产业、茶科技这篇大文章，将推动解决好茶业"三农"这一关系国计民生的根本性问题。保护和发掘茶树种质资源的遗传多样性有利于产品市场的多元化，保持茶产业健康持续发展。纵观特异茶树育种历程，基于叶色和形态突变的单株选育是育种资源的主要来源，因此对野生资源和群体的发掘利用变得尤为重要。

　　特异叶色茶树品种主要通过各地自然变异单株选育和人工杂交育种两种途径育成（李强 等，2020）。叶色变异作为一种突变性状对于茶树新品种选育有着重要的应用价值，对研究茶树光合作用机制、叶色调控机理和叶片发育调控等也有重要理论价值（卢翠 等，2016）。目前的特异叶色茶树品种在一些特殊代谢物上具有明显的优势，例如白化系氨基酸含量较高，紫化系花青素含量较高；但也存在口感差、适制性受限等问题，例如紫娟的口感较涩。如今，消费者市场对茶叶的需求通常是滋味与保健俱佳，因此在特异色泽茶树种质育种过程中应该做好口感和营养成分的协调，制定符合市场需求的改良目标。特异色泽茶树育种在注重自然变异选优的同时，应结合杂交育种和分子育种等生物技术加快改良进程。作物种质资源是重要的生物资源，也是种质创新源泉，加强农业种质资源的保护开发利用是打好种业翻身仗的关键（2021年中央一号文件）。特异色泽茶树作为一种特殊茶树种质资源，加强对其的研究利用将对茶产业的创新发展具有重要意义。

　　茶叶在我国不仅是一种经济作物，还具有较高的观赏价值，特别是在长期的自然变异和人工选育过程中培育出丰富的品种、品系（田丽丽 等，2013）。茶树形态多样、花期长、易造型、繁殖能力强，适合作为观花观叶植物和构建盆景、绿篱，同时还具有古树名木的特殊价值（田丽丽 等，2013）。在我国很多风景区都将茶树作为园林树种应用，如张家界著名景区黄石寨就是以一块茶园为中心的高地，杭州西湖风景区的西湖龙井也是西湖园林的重要组成（韩文炎 等，2005）。由于异花授粉和长期人工选择的结果，茶树体现出多样性的遗传特征，在形态学上展现出多种姿态，也因此具有丰富的园林观赏价值（陈周一琪 等，2012）。研究特异茶树品种在园林中的应用价值，对促进新品种的培育具有良好的促进作用，也对园林造景提供了新的思路（田丽丽 等，2013）。

我国的茶树育种目标经历了"高产—早生优质—多抗—特异—多元"的发展历程（陈好 等，2010）。随着'白叶1号'这个特异品种的发现和"安吉白茶"产业的兴起，"一个品种造就了一个产业"的例子推动了特异品种的异军突起，对促进茶产品结构的优化起到了重要作用。白叶1号、黄金芽、中黄1号、中黄2号、保靖黄金茶1号等特色品种相继育成并推广利用，成就了"安吉白茶""天台黄茶""缙云黄茶""广元黄茶""保靖黄金茶"等品牌和产品，并以较高经济效益受到了产业的欢迎，也为茶产业的供给侧结构性改革和打破茶产品的同质化困境提供了新的选择（王新超 等，2019）。而随着茶产品市场的不断分化和细化，消费者的需求也多样化起来，一些满足特殊需求的品种，如低咖啡碱、高表没食子儿茶素没食子酸酯（EGCG）等功能性成分以及特殊香型的品种也相继出现，育种目标呈现多元化趋势（王新超 等，2019）。

"一粒种子可以改变世界"，茶树品种是茶叶产品花色的源头。茶树列入国家非主要农作物登记目录。2022年3月1日起实施的《中华人民共和国种子法》规定，列入非主要农作物登记目录的品种在推广前应当登记。截至2022年7月份，我国16个省份共179个茶树品种获国家茶树品种登记。

1999年我国正式加入国际植物新品种保护联盟，2008年茶树被列入《中华人民共和国农业植物新品种保护名录（第七批）》，相信对优特茶树种质的保护利用会愈来愈重视，其对生产效益的提升也将日益显现。截至2022年7月，我国11个省份有85个茶树获植物新品种权证书。在此书中的特色种质，不少已获或正在申报植物新品种权。特色茶树品种获植物新品种权保护，将为其可持续高效利用提供法律保障。

通过近20年的努力，本团队选育出20多个特异新梢色泽茶树新品种（系），并在省内外示范。在省内外茶界的大力帮助下，收集保存了特异新梢色泽（黄化、白化、紫化、花斑）、特异枝叶形态茶树种质资源30余份。这些茶树种质均种植保存于福建省农业科学院茶叶研究所，茶园土壤、肥培管理水平基本一致，特征、特性调查与观测均是成龄茶园，图志内容具有很强的可比性。国家茶叶产业技术体系的王新超研究员、吴华玲研究员、刘振研究员对本书的编写提供了部分珍贵图片，在此谨表感谢！

本书介绍了 39 个福建省农业科学院茶叶研究所选育与征集保存的特色茶树种质的形态学特征、生物学特性、制茶品质、适栽地区、栽培技术要点等，并配以新梢、植株和茶行、成熟叶片、花朵等代表性图片。

《特异茶树种质图志》是一部学术性和实用性强的茶树品种工具书，希望本书的出版可以为这些特异茶树种质的鉴别、特色与观光茶园的品种选择应用、优异资源的研发利用等提供借鉴。囿于编著者水平和研究程度等的限制，书中难免存在不妥之处，恳请读者批评指正。

作　者
2022 年 10 月

目　　录

—— 其他特异种质 ——

第一章　特色茶树种质研究进展

茶叶是世界三大饮料之一，全球约有 160 多个国家与地区近 30 亿人有饮茶习惯。我国作为茶树的原产地，种质资源十分丰富。为了适应不同的生长环境和消费者多元化的需求，茶树在漫长的自然杂交和人工选择中发生了许多变异，茶树色泽便是其中一项重要的变异。由于茶树叶色变异植株具有明显的表型和优异的品质，近年来受到育种者、生产者等研究人员的广泛关注。开展相关研究对于茶树新品种选育具有重要的应用价值，对茶树光合作用机制、叶色调控机理和叶片发育调控等方面具有重要理论价值。

目前，叶色特异茶树品种主要通过各地自然变异单株选育和人工杂交育种两种途径育成。据不完全统计，我国已通过省级以上品种认（审、鉴）定登记，以及已报道的包括白化、黄化和紫色等叶色特异的茶树品种（品系）资源已超过 50 个（李强 等，2020）。

特异色泽的茶叶特征化学成分与茶叶品质密切相关。叶色特异茶树除了芽叶色泽有别于一般绿色芽叶的茶树之外，其内含物成分也有各自特点，具有开发特色茶或保健功能茶产品的前景（王丽鸳 等，2020）。本研究主要从茶树种质收集与培育现状、种质特性、变异机理等方面，对白（黄）化、紫化及其他具有观赏价值的茶树种质的研究进展进行了综述，为后续相关研究提供参考。

一、白（黄）化茶树种质研究进展

1. 白（黄）化茶树种质收集与培育现状

白化茶，俗称"白茶"或"白叶茶"，不同于我国传统茶类中按加工工艺分类的白茶，它是指受遗传因素或外界环境影响，导致体内叶绿素合成不足而含量减少，芽叶呈白色、黄色或金白色变异的茶树种质资源（王开荣 等，2008b）。白（黄）化茶以白（黄）叶鲜叶为原料，采用绿茶等工艺进行加工，其特点是鲜叶呈近白色而干茶见不到白色。与传统绿叶茶不同，白（黄）化茶具有独特的风味尤以"鲜味"口感和香味备受关注（李明 等，2016）。该类茶树种质大多含有高含量的氨基酸和低含量的茶多酚，较低的酚氨比造就了其鲜爽回甘的滋味；同时白色、黄色、复色等新颖独特的色系让人印象深刻，在茶旅融合方面有着独特优势，这些特征使得白（黄）化茶成为茶叶市场中的耀眼新星，拥有极高的经济价值和开发潜力。现如今，白（黄）化茶已在安徽、福建、湖北、贵州、云南、江西、四川等省份推广种植，成为一方优势产业（王蔚 等，2017）。

白（黄）化茶树种质资源按叶色不同可分为白色、黄色、复色三大色系。白色系典型叶色为净白色，最大白化程度为雪白色。产于浙江省安吉县的'白叶 1 号'（安吉白茶），是当代开发成功的第一个白色系茶树品种，目前全国推广面积约百万亩以上（郭雅敏，1997；王开荣 等，2007）。此外还有一些其他品种，如'千年雪''瑞雪 1 号''瑞雪 2 号''瑞雪 3 号''瑞雪 4 号''小雪芽''四明雪芽''景白 1 号''黄山白茶''春雪 1 号''更楼白茶''曙雪 1 号'‘中白 1 号'‘中白 4 号'等（刘丁丁 等，2020）。

黄色系典型色泽为金黄叶色，最大黄化程度为黄泛白色，是当前各地发现、育成最多的一类种质，其中，‘黄金芽'是第一个黄色系茶树品种，目前已推广到全国各大茶区（王开荣 等，2008a）。‘白鸡冠'作为福建武夷山‘四大名枞'之一，是较早被发现利用且适制乌龙茶的黄化茶树种质，至今已有三百余年的历史（王蔚 等，2017）。此外还包括、‘御金香'‘中黄 1 号'‘中黄 2 号'‘中黄 3 号'‘黄金甲'‘黄金毫'‘黄金蝉'‘中茶 211'‘中茶 12'‘金光'‘黄金菊'‘鹅黄茶 1 号'‘鹅黄茶 2 号'‘鹅黄茶 3 号'‘金冠茶'‘苏玉黄'‘金茗 1 号'‘川黄 1 号'等（张琛 等，2021）。

复色系由绿、白、黄、红等镶嵌组成，这类茶树种质也被称为"花叶茶"，其叶色变异表型复杂，色彩丰富靓丽，尤其适合园林绿化应用。代表性品种有‘中白 4 号'‘金玉缘黄金斑'‘花月'‘金玉满堂'等（刘丁丁 等，2020；张向娜 等，2020）。

2. 白（黄）化茶树种质资源特性

大多数白（黄）化茶树种质具有突出的品质特性，即较高含量的游离氨基酸（尤其是茶氨酸）和较低含量的多酚类物质，这在很大程度上促进了其鲜味的形成。鲜叶原材料的白（黄）化程度越高，其成品茶的感官品质个性越明显（Feng et al.，2014）。同时，由于茶氨酸的镇静安神等保健功效，和独特的种质资源稀缺性，使该类茶树种质在茶叶市场中具有很大的影响力，产生了较高的经济效益（马立锋 等，2020；林智，2003；卢翠 等，2016）。

此外，色素类物质的变化是白（黄）化茶树种质的另一重要生化特性，其含量直接反映了茶树叶色白（黄）化的程度，是叶色表型形成的主要因素。大量研究表明，茶树白（黄）化表型的出现均伴随着叶绿素含量的降低（张琛 等，2021）。类胡萝卜素、类黄酮等代谢途径的物质含量变化对叶色形成也具有重要作用（Song et al.，2017）。

根据白（黄）化茶树种质对生态环境条件的依赖性，可将其分为生态敏感型、生态不敏感型、生态复合型。其中生态敏感型茶树又可分为温度敏感型和光照敏感型（王开荣 等，2015）。白化系茶树种质通常属于温度敏感型，代表性品种为‘安吉白茶'。在早春萌芽期环境温度低于 20～22℃时，初展的芽叶出现不同程度的白化表型，并能维持一段时期；当温度升高到 22℃以上，新萌发的芽叶出现返绿现象，并与正常绿色茶树品种相当（陆建良 等，1999；李素芳 等，1999；Yuan et al.，2015；Xu et al.，2017）。黄化系茶树种质多属于光照敏感型，在一定光照强度下表现出明显的黄化特性，且其黄化程度随光照强度增强而提高；反之，光照强度降低，芽叶便会出现返绿现象。代表性品种有‘黄金芽'‘御金香'‘中黄 1 号'‘中黄 2 号'等（Zhang et al.，2017；Song et al.，2017；Liu et al.，2017；Xu et al.，2020）。生态不敏感型茶树种质的叶色变异不受环境影响，芽叶自萌发起即表现为黄、白和绿色等组成的复色，且在整个生长周期内其叶色表型稳定

（卢翠 等，2016）。代表性品种有'黄金斑''中白 4 号'等（韩震 等，2013；郝国双 等，2019）。此外，部分复色系茶树种质还表现为生态复合型，即部分叶片对光照或温度敏感，表现为叶色变异，部分叶片对环境因素不敏感，叶色呈现为复色。代表性品种有'金玉缘''瑞雪 5 号''春雪 3 号'等（王开荣 等，2015）。

3. 白（黄）化茶树种质叶色变异的机理研究

叶色由叶绿体的形成与发育、叶绿体的数量与大小，及叶绿素和胡萝卜素等呈色物质的含量与比例等因素共同构成（Yang et al.，2015）。大量研究表明，叶绿体结构异常与叶绿素合成受阻是叶片白（黄）化变异的主要原因（张琛 等，2021）。与正常绿色叶片相比，白（黄）化茶树叶片的叶绿体发育异常，且随着叶色白（黄）化程度升高，叶绿体损伤程度加重，其结构逐渐退化甚至完全解体（李素芳 等，1995；韦康 等，2017；张晨禹 等，2019；Du et al.，2008）。叶片白（黄）化变异主要是由基因突变引起的遗传性变异（王开荣 等，2015）。叶绿素生物合成或降解途径中任何一个基因的突变或阻断都可能导致叶色的变化（马春雷 等，2015）。类胡萝卜素代谢相关基因的表达变化也会导致叶色变异的发生（林馨颖 等，2020；Feng et al.，2014；Li et al.，2016）。此外，白（黄）化叶片中叶绿体的异常发育或缺失，可能破坏了植物体内碳氮代谢平衡，最终造成了游离氨基酸含量的升高和多酚类含量的降低（Lu et al.，2019）。

二、紫化茶树种质研究进展

1. 紫化茶树种质收集与培育现状

紫化茶是指因遗传因素或外界环境影响，芽叶呈现紫或紫红色色泽的茶树。目前，已获得品种权、具有一定栽培面积、且具有稳定遗传特性的紫色茶树品种为'紫娟'和'紫嫣'（王丽鸳 等，2020）。'紫娟'是云南省农业科学院茶叶研究所采用单株选种法，经多代培育而成的紫化茶树新品种。'紫娟'茶的紫芽、紫叶、紫茎"三紫"特征是云南多色芽叶类特异茶树品种中最典型的代表。'紫娟'鲜叶加工而成的绿茶色泽紫黑，茶汤紫红，味醇厚，香气特殊；红茶香型高雅，汤色清澈红亮、口感清爽、舌底生津、回味无穷，叶底红褐光亮（包云秀 等，2008；杨兴荣 等，2009；时鸿迪，2020）。'紫娟'目前在云南省内的西双版纳、普洱、临沧等地有规模种植，近年来在黔、湘、浙、苏、皖等地均有引种，成为全世界种植面积最大的紫色芽叶特异品种（李强 等，2020；邹振浩 等，2022）。'紫娟'的育成，有力推动了紫化茶树品种的选育以及紫芽茶相关领域的研究。'紫嫣'是由四川农业大学、四川一枝春茶业有限公司合作选育，从四川中小叶群体种中经单株选择、系统繁育的高花青素紫芽新品种，新梢芽、叶、茎均呈紫色，所制烘青绿茶，色青黛，汤色蓝紫清澈，叶底色靛青（杨纯婧 等，2020）。此外，已报道的紫化茶树种质还包

第一章　特色茶树种质研究进展

茶叶是世界三大饮料之一，全球约有 160 多个国家与地区近 30 亿人有饮茶习惯。我国作为茶树的原产地，种质资源十分丰富。为了适应不同的生长环境和消费者多元化的需求，茶树在漫长的自然杂交和人工选择中发生了许多变异，茶树色泽便是其中一项重要的变异。由于茶树叶色变异植株具有明显的表型和优异的品质，近年来受到育种者、生产者等研究人员的广泛关注。开展相关研究对于茶树新品种选育具有重要的应用价值，对茶树光合作用机制、叶色调控机理和叶片发育调控等方面具有重要理论价值。

目前，叶色特异茶树品种主要通过各地自然变异单株选育和人工杂交育种两种途径育成。据不完全统计，我国已通过省级以上品种认（审、鉴）定登记，以及已报道的包括白化、黄化和紫色等叶色特异的茶树品种（品系）资源已超过 50 个（李强 等，2020）。

特异色泽的茶叶特征化学成分与茶叶品质密切相关。叶色特异茶树除了芽叶色泽有别于一般绿色芽叶的茶树之外，其内含物成分也有各自特点，具有开发特色茶或保健功能茶产品的前景（王丽鸳 等，2020）。本研究主要从茶树种质收集与培育现状、种质特性、变异机理等方面，对白（黄）化、紫化及其他具有观赏价值的茶树种质的研究进展进行了综述，为后续相关研究提供参考。

一、白（黄）化茶树种质研究进展

1. 白（黄）化茶树种质收集与培育现状

白化茶，俗称"白茶"或"白叶茶"，不同于我国传统茶类中按加工工艺分类的白茶，它是指受遗传因素或外界环境影响，导致体内叶绿素合成不足而含量减少，芽叶呈白色、黄色或金白色变异的茶树种质资源（王开荣 等，2008b）。白（黄）化茶以白（黄）叶鲜叶为原料，采用绿茶等工艺进行加工，其特点是鲜叶呈近白色而干茶见不到白色。与传统绿叶茶不同，白（黄）化茶具有独特的风味尤以"鲜味"口感和香味备受关注（李明 等，2016）。该类茶树种质大多含有高含量的氨基酸和低含量的茶多酚，较低的酚氨比造就了其鲜爽回甘的滋味；同时白色、黄色、复色等新颖独特的色系让人印象深刻，在茶旅融合方面有着独特优势，这些特征使得白（黄）化茶成为茶叶市场中的耀眼新星，拥有极高的经济价值和开发潜力。现如今，白（黄）化茶已在安徽、福建、湖北、贵州、云南、江西、四川等省份推广种植，成为一方优势产业（王蔚 等，2017）。

白（黄）化茶树种质资源按叶色不同可分为白色、黄色、复色三大色系。白色系典型叶色为净白色，最大白化程度为雪白色。产于浙江省安吉县的'白叶1号'（安吉白茶），是当代开发成功的第一个白色系茶树品种，目前全国推广面积约百万亩以上（郭雅敏，1997；王开荣 等，2007）。此外还有一些其他品种，如'千年雪''瑞雪1号''瑞雪2号''瑞雪3号''瑞雪4号''小雪芽''四明雪芽''景白1号''黄山白茶''春雪1号''更楼白茶''曙

括福建的'武夷奇种18'、山东的'紫心'和'东方紫婵'、广东的'红叶'系列和'丹妃'、贵州的'紫魁'等（吴华玲 等，2011；曹冰冰 等，2020；姜艳艳 等，2022；Zhou et al.，2017；Shen et al.，2018）。

2. 紫化茶树种质资源特性

紫化茶树种质的新梢通常全年保持紫红色，花青素的累积是芽叶呈现紫红色的重要因素。传统茶叶生产中，红紫色芽叶由于高含量的花青素在加工过程中发生转化造成干茶颜色乌褐，汤色发暗，叶底靛青，与传统绿茶追求的"清汤绿叶"相违背。但近年来，随着茶叶科技的发展及市场需求的变化，以及红紫芽茶树资源的不断挖掘和创新利用，紫化茶因其花青素等主要化学成分含量高，以及其功能活性带来的独特经济价值而受到学术界的广泛关注（徐歆 等，2017；Fernandes et al.，2014；Lv et al.，2015）。研究表明，紫化茶树的花青素含量显著高于普通绿叶茶树（周天山 等，2016）。游小妹等（2018）在福建省农业科学院茶叶研究所2号山，利用九龙袍、茗科1号（金观音）、铁观音、'紫娟'等茶树种子繁育，从中筛选出18个紫色芽叶新品系，其花青素含量在3.4～19.7 mg/g。杨兴荣等（2015）以28份不同紫芽茶树种质资源为供试材料进行主要生化成分差异性分析，发现芽叶紫色程度越深，花青素含量越高。

3. 紫化茶树种质叶色变异的机理研究

诸多研究表明，紫化茶树种质主要是由于花青素含量而引起的叶色变化。花青素属于类黄酮化合物，在植物中主要以花色苷的形式存在，主要包括天竺葵色素、矢车菊色素、飞燕草色素及其糖苷（Wang et al.，2017）。普通绿色芽叶中花青素含量约占干物重的0.01%，而紫芽茶中花青素含量可达0.5%～1.0%，甚至更高（成浩 等，1999；谷记平 等，2014）。而花青素含量的高低与类黄酮合成途径的关键基因及转录因子的表达密切相关。合成途径中的结构基因决定了最终生成花青素的种类，而转录因子则通过影响结构基因的表达强度，决定了花青素生物合成的强度（Weiss，2010）。

此外，花青素的合成与茶树生长发育阶段及外界环境条件密切相关。紫化叶片在生长发育过程中，会随着叶片成熟而出现转绿现象，花青素含量也相应降低，相关基因的表达也呈现出一致的变化规律（Zhou et al.，2016；蒋会兵 等，2018）。环境因子对花青素的合成与积累也具有调节作用。如光照强度、光质、温度等因素可通过调控花青素合成途径中关键基因及其转录因子的表达，影响花青素种类和含量的差异，最终导致叶色表型的差异（Wang et al.，2017）。

三、其他具有观赏价值的茶树种质研究进展

我国茶树种质资源丰富，不仅有丰富多彩的白（黄）化、紫化种质，还拥有诸多千姿

百态的观赏型茶树种质，在园林绿化等领域具有巨大的应用潜力。如'奇曲茶'枝条弯曲有序，呈规律的"S"形，树型婀娜多姿，甚为优美；叶片近水平状着生，向两边神张，犹如展翅的"飞龙"，极具观赏性。'奇曲茶'可作为园林、庭院观赏栽培，在武夷山景区已有应用，其茶苗盆景可作为纪念品，推动了当地旅游业的发展。研究表明，'奇曲茶'的"S"形曲茎性状是由基因型控制的，具有稳定的遗传性（陈华玲 等，2013）。Cao et al（2020）以'奇曲茶'和正常直立型茶树品种'梅占'为材料，通过组织切片观察，发现'奇曲茶'的细胞排列和性状异常；进一步通过转录组测序，筛选获得 2 175 个差异表达基因，在类黄酮生物合成和亚油酸代谢途径显著富集。研究表明，"S"形枝条的形成可能与茶树的向重力反应和极性生长素运输有关。

特异叶形的茶树种质有'佛手''大叶龙'等。'佛手'因树型及叶形态似佛手而得名。根据嫩芽色泽不同，分为红芽佛手和绿芽佛手，其分枝部位较高，枝条粗壮，常呈龙拐状披状伸展，形成婆娑披展的特异树姿。以上茶树种质可利用其特异的叶形作为盆栽或绿篱，在园林绿化中发挥作用（陈华玲 等，2013；田丽丽 等，2013）。

中国是最早发现和利用茶的国家，也是世界第一大茶叶生产国。保护和发掘茶树种质资源的遗传多样性有利于产品市场的多元化，保持茶产业健康持续发展。纵观特异色泽茶树育种历程，基于叶色突变的单株选育是育种资源的主要来源；因此对野生资源和群体的发掘利用变得尤为重要。目前的特异色泽茶树品种在一些特殊代谢物上具有明显的优势，例如白化系氨基酸含量较高，紫化系花青素含量较高；但也存在口感差、适制性、适应性受限等问题，例如紫娟的口感较涩。如今，消费者市场对茶叶的需求通常是滋味与保健俱佳，因此在特异色泽茶树种质育种过程中应该做好口感和营养成分的协调，制定符合市场需求的改良目标。特异色泽茶树育种在注重自然变异选优的同时，应结合杂交育种和分子育种等生物技术加快改良进程。作物种质资源是重要的生物资源，也是种质创新源泉，加强农业种质资源的保护开发利用是打好种业翻身仗的关键。特异色泽茶树作为一种特殊茶树种质资源，加强对其的研究利用将对茶产业的创新发展具有重要意义。

第二章　茶树品种描述与鉴定规范

一、树　　型

目测 5 龄以上自然生长植株，无性系品种取样 5 株。根据下列描述代码标准确定品种的树型。

① 灌木：植株从根颈处分枝，全株无明显主干

② 小乔木：植株基部主干明显，中上部主干不明显

③ 乔木：植株从基部到顶部主干明显

以样品中概率最大的描述代码为种质的树型。

二、树　　姿

无性系品种随机取 5 株。灌木型茶树测量外轮骨干枝与地面垂直线的夹角，每株测 2 个；乔木和小乔木型茶树测量一级分枝与地面垂直线的分枝夹角，每株测 2 个。单位为（°），精确到整数位。

根据树姿模式图及下列描述代码标准，确定每个样品的树姿。

① 直立：一级分枝与地面垂直线的角度＜30°

② 半开张：30°≤一级分枝与地面垂直线的角度＜50°

③ 开张：一级分枝与地面垂直线的角度≥50°

直立　　　　　　　　　　半开张　　　　　　　　　　　　开张

三、春梢生育期观测

在相同栽培管理条件下，连续 2 年对相同树龄的这些品种 2—5 月进行春梢生育期观察。每株固定观察修剪剪口以下第一芽或未修剪的顶芽，每品种选择 15 个芽头固定观察，

新梢发芽期每隔 1 天观察一次，以样本数的 30% 越冬芽达到相应芽期标准为准。乌龙茶以黄旦为对照种，绿茶以福鼎大白茶为对照种。

四、发芽密度

当春茶第一轮越冬芽萌展至鱼叶期时，目测记录 10 cm 叶层 33 cm×33 cm 蓬面内已萌发芽的个数，观测 3 个点。单位为个，精确到整数位，用平均值表示。根据下列标准确定种质的发芽密度。

① 稀：灌木型和小乔木型＜80 个，乔木型＜50 个

② 中：80≤灌木型和小乔木型＜120 个，50≤乔木型＜90 个

③ 密：灌木型和小乔木型≥120 个，乔木型≥90 个

五、芽叶色泽

当春茶第一轮一芽二叶占供试茶树全部新梢的 50% 时，随机采摘一芽二叶 10 个，观察其芽叶色泽。观察时由 2 人同时判别，以样品中概率最大的描述代码为种质的芽叶色泽。

① 玉白色　② 黄绿色　③ 浅绿色　④ 绿色　⑤ 紫绿色

玉白色　　　　　　　　　　黄绿色

浅绿色　　　　　　　绿色　　　　　　　紫绿色

六、芽叶茸毛

当春茶第一轮一芽二叶占供试茶树全新梢的 50% 时进行目测，随机采摘一芽二叶 10 个。以龙井 43 作为"少毛"判别标准，以福鼎大白茶与云抗 10 号分别作为中小叶茶和大叶茶"多毛"判别标准，判断其一芽二叶芽体茸毛的多少。以样品中概率最大的描述代码为种质的芽叶茸毛。

① 无　② 少　③ 中　④ 多　⑤ 特多

七、一芽三叶百芽重

当春茶第一轮侧芽的一芽三叶占全部侧芽数的 50% 时进行取样。从新梢鱼叶叶位处随机采摘一芽三叶。称 100 个一芽三叶的重。单位为 g，精确到 0.1 g。

八、叶片着生状态

于 10—11 月测量当年生枝干中部成熟叶片与茎干的夹角。每株测量 2 个，共测量 10 个。单位为（°），精确到整数位。以样品中概率最大的描述代码为种质的叶片着生状态。按下列描述代码标准确定样品的叶片着生状态。

① 上斜：着生角度 ≤ 45°

② 稍上斜：45° ＜ 着生角度 ≤ 80°

③ 水平：80° ＜ 着生角度 ≤ 90°

④ 下垂：着生角度 ＞ 90°

九、叶片大小

于 10—11 月取当年生枝条中部典型成熟叶片，每株 2 片，共取 10 片。单位为 cm，精确到 0.1 cm。测定叶长和叶宽，计算公式为：叶面积 = 叶长 × 叶宽 × 0.7，再根据叶面积的平均值，按以下标准确定叶片大小。

① 小叶：叶面积 ＜ 20.0 cm²

② 中叶：20.0 cm² ≤ 叶面积 ＜ 40.0 cm²

③ 大叶：40.0 cm² ≤ 叶面积 ＜ 60.0 cm²

④ 特大叶：叶面积 ≥ 60.0 cm²

十、叶　形

于 10—11 月取当年生枝条中部典型成熟叶片，每株 2 片，共取 10 片。测量叶片的长和宽，根据叶长、叶宽计算出每张叶片的长宽比，再根据长宽比平均值，按以下描述代码标准确定叶形。

① 近圆形：长宽比 ≤ 2.0，最宽处近中部

② 卵圆形：长宽比 ≤ 2.0，最宽处近基部

③ 椭圆形：2.0 ＜ 长宽比 ≤ 2.5，最宽处近中部

④ 长椭圆形：2.5 ＜ 长宽比 ≤ 3.0，最宽处近中部

⑤ 披针形：长宽比 ＞ 3.0，最宽处近中部

以样品中概率最大的描述代码为种质的叶形。当两个描述代码概率相等时，则用两个描述代码作为种质的叶形。如某种质"椭圆形"占 40%，"长椭圆形"占 40%，"披针形"占 20%，则以"椭圆；长椭圆"表示。

| 近圆形 | 卵圆形 | 椭圆形 | 长椭圆形 | 披针形 |

十一、叶　色

于 10—11 月取当年生枝条中部典型成熟叶片，每株 2 片，共取 10 片。肉眼判断叶片样品正面的颜色。观察时由 2 人同时判别，以样品中概率最大的描述代码为种质的叶色。

① 黄绿色　② 浅绿色　③ 绿色　④ 深绿色

十二、叶　面

于 10—11 月取当年生枝条中部典型成熟叶片，每株取 2 片，共取 10 片。中小叶茶以福建水仙和政和大白茶（均为大叶种），大叶茶以长叶白毫和云梅分别作为样品叶面"平"和"隆起"的判别标准。以样品中概率最大的描述代码为种质的叶面。

①平　②微隆起　③隆起

平　　　　微隆起　　　　隆起

十三、叶　身

于 10—11 月取当年生枝条中部典型成熟叶片，每株 2 片，共取 10 片。目测判定样品的叶身。以样品中概率最大的描述代码为种质的叶身。当两个描述代码概率相等时，则用两个描述代码作为种质的叶身。如某种质"内折"占 40%，"平"占 40%，"稍背卷"占 20%，则以"平；内折"表示。

①内折　②平　③稍背卷

内折　　　　　平　　　　　稍背卷

十四、叶　　质

于 10—11 月取未开采或深修剪后茶树当年生枝条中部典型成熟叶片，每株 2 片，共取 10 片。以手感方式判断其叶质。观察时由 2 人同时判断，以样品中概率最大的描述代码为种质的叶质。当两个描述代码概率相等时，则用两个描述代码作为种质的叶质。如某种质"柔软"占 40%，"中"占 40%，"硬"占 20%，则以"柔软；中"表示。

① 柔软　② 中　③ 硬

十五、叶齿锐度

于 10—11 月取当年生枝条中部典型成熟叶片，每株 2 片，共取 10 片。观察叶缘中部锯齿的锐利程度，确定样品的叶齿锐度。以样品中概率最大的描述代码为种质的叶齿锐度。

① 锐　② 中　③ 钝

锐　　　　　　中　　　　　　钝

十六、叶齿密度

于 10—11 月取当年生枝条中部典型成熟叶片，每株 2 片，共取 10 片。测量叶缘中部锯齿的稠密度。单位为个 /cm 精确到 0.1 个 /cm，用平均值表示。根据以下标准确定种质的叶齿密度。有些栽培型乔木、小乔木特大叶和大叶类茶树，大锯齿上长有小锯齿，即出现重锯齿，则按密齿计。

① 稀：密度 < 2.5 个 /cm

② 中：2.5 个 /cm ≤ 密度 < 4 个 /cm

③ 密：密度 ≥ 4 个 /cm

十七、叶齿深度

于 10—11 月取当年生枝条中部典型成熟叶片，每株 2 片，共取 10 片。观察叶缘中部锯齿的深度，确定样品的叶齿深度。以样品中概率最大的描述代码为种质的叶齿深度。有些栽培型乔木、小乔木特大叶和大叶类茶树，大锯齿上长有小锯齿，即出现重锯齿，则按深齿计。

①浅　②中　③深

浅　　　　　　　　　中　　　　　　　　　深

十八、叶　　基

于 10—11 月取茶树当年生枝条中部典型成熟叶片，每株 2 片，共取 10 片。观察叶片基部的形态，判定样品的叶基。以样品中概率最大的描述代码为种质的叶基。

①楔形　②近圆形

楔形　　　　　　　　近圆形

十九、叶　尖

　　于 10—11 月取当年生枝条中部典型成熟叶片，每株 2 片，共取 10 片。观察叶片端部的形态，判定样品的叶尖。以样品中概率最大的描述代码为种质的叶尖。当两个描述代码概率相等时，则用两个描述代码作为种质的叶尖。如某种质"渐尖"占 40%，"钝尖"占 40%，"急尖"和"圆尖"各占 10% 时，则以"渐尖；钝尖"表示。

　　① 急尖　② 渐尖　③ 钝尖　④ 圆尖

急尖　　　　　渐尖　　　　　　钝尖　　　　　圆尖

二十、叶　缘

　　于 10—11 月取当年生枝条中部典型成熟叶片，每株 2 片，共取 10 片。观察叶片边缘的形态确定样品的叶缘。观察时由 2 人同时判断，以样品中概率最大的描述代码为种质的叶缘。

　　① 平　② 微波　③ 波

平　　　　　　　微波　　　　　　波

二十一、盛 花 期

于 10—11 月观察 5～15 年生自然生长茶树。每株随机观察 10 朵花蕾，有性繁殖资源观察 10 株，无性繁殖资源观察 5 株。当占总数 50% 的花朵已达自然开放时即为盛花期，用月 / 旬表示。幼龄和老龄茶树不宜取样，只作一次性观察。

二十二、花冠直径

在盛花期，随机取发育正常花瓣已完全开放的花朵 10 个，"十"字形测量花冠直径的平均长度。单位为 cm，精确到 0.1 cm，用平均值表示。

二十三、花 瓣 数

在盛花期，随机取发育正常花瓣已完全开放的花朵 10 个，计数每朵花的花瓣数。单位为枚，精确到整数位，用平均值表示。外轮与萼片连生的花瓣形态有时介于两者之间，应计入花瓣数。

二十四、子房茸毛

在盛花期，随机取发育正常花瓣已完全开放的花朵 10 个，观察每朵花的子房茸毛状况，确定种质的子房茸毛。
① 无　② 有

无子房茸毛　　　　　　　　有子房茸毛

二十五、柱头开裂数

在盛花期，随机取发育正常花瓣已完全开放的花朵 10 个，观测每朵花的柱头开裂数。单位为裂，精确到整数位。

三开裂   四开裂   五开裂

二十六、果实形状

在果实成熟期的 10—11 月，随机摘取发育正常的果实 20 个，及时观察果实形状。参照果实模式图确定样品的果实形状，以样品中概率最大的描述代码为种质的果实形状。

① 球形   ② 肾形   ③ 三角形   ④ 四方形   ⑤ 梅花形

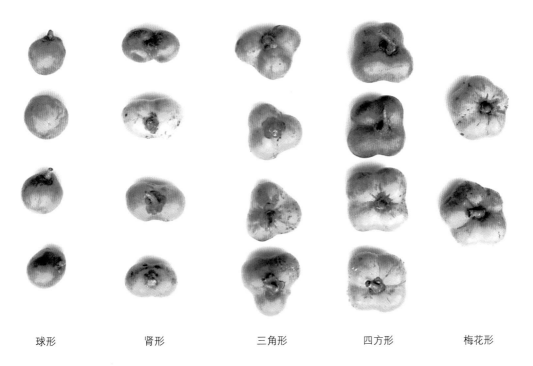

球形   肾形   三角形   四方形   梅花形

二十七、果实大小

在果实成熟期的 10—11 月，随机摘取发育正常的果实 20 个，"十"字形测量果实的平均直径。精确到 0.1 cm，用平均值表示。

二十八、果皮厚度

在果实成熟期的 10—11 月，随机摘取发育正常的果实 20 个，果实采收后在室内阴凉处摊放 15～20 d，再测量干果皮中部边缝的厚度。单位为 cm，精确到 0.1 cm，用平均值表示。鲜果和干果，果皮中部和两端厚度差异很大，必须按规定的时间和部位测量。

二十九、种子形状

在果实成熟期的 l0—11 月，摘取发育正常的果实，果实采收后在室内阴凉处摊放 15～20 d，待果皮自然开裂种子脱落后，随机取成熟饱满种子 10 粒，观察种子形状。参考种子形状模式图确定样品的种子形状，以样品中概率最大的描述代码为种质的种子形状。

①球形　②半球形　③锥形　④似肾形　⑤不规则形

三十、种径大小

在果实成熟期的 10—11 月，摘取发育正常的果实，果实采收后在室内阴凉处摊放 15～20 d，待果皮自然开裂种子脱落后，随机取成熟饱满种子 10 粒，"十"字形测量平均直径。单位为 cm，精确到 0.1 cm，用平均值表示。

三十一、种皮色泽

在果实成熟期的 10—11 月，摘取发育正常的果实，果实采收后在室内阴凉处摊放 15～20 d，待果皮自然开裂种子脱落后，随机取成熟饱满种子 10 粒，观察种皮色泽，确定样品的种皮色泽。观察时由 2 人同时判断，以样品中概率最大的描述代码为种质的种皮色泽。

①棕色　②棕褐色　③褐色

三十二、百 粒 重

在果实成熟期的 10—11 月，摘取发育正常的果实，果实采收后在室内阴凉处摊放15～20 d，待果皮自然开裂种子脱落后，随机取成熟饱满种子 100 粒称重。单位为 g，精确到 0.1 g。种子含水量直接影响到百粒重，刚成熟种子的含水量在 35% 左右，故在果实采收后 20 d 内必须进行称重。

三十三、适制茶类

样品加工后 20 d 左右按《茶叶感官审评方法》（GB/T 23776—2018）进行感官审评，以五因子加权后总分（单位为分，精确到 0.1 分）最高的一批次来确定该资源的适制茶类、品质得分、香气和滋味特征。

（1）绿茶 （烘青绿茶五项因子的加权系数是：外形 20%，汤色 10%，香气 30%，滋味 30%，叶底 10%。审评分与对照品种样茶审评分相比，达到或超过为最适合，低于0.1～2.0 分为适合，低于 2.1～4.0 分为较适合，低于 4.0 分以上为不适合）。

（2）红茶 （工夫红茶五项因子的加权系数是：外形 25%，汤色 10%，香气 25%，滋味 30%，叶底 10%。审评分与对照品种样茶审评分相比，达到或超过为最适合，低于0.1～2.0 分为适合，低于 2.1～4.0 分为较适合，低于 4.0 分以上为不适合）。

（3）乌龙茶 （五项因子的加权系数是：外形 20%，汤色 5%，香气 30%，滋味 35%，叶底 10%。审评分与对照相比，达到或超过为最适合，低于 0.1～3.0 分为适合，低于3.1～6.0 分为较适合，低于 6.0 分以上为不适合）。

（4）白茶 （五项因子的加权系数是：外形 25%，汤色 10%，香气 25%，滋味 30%，叶底 10%。审评分与对照相比，达到或超过为最适合，低于 0.1～3.0 分为适合，低于3.1～6.0 分为较适合，低于 6.0 分以上为不适合）。

（5）不适制 （多为野生型茶树或近缘种）。

注意事项：茶样审评分高低决定着品质的优劣和茶类的适制性，而样品又受芽叶采摘嫩度、加工工艺所影响，并且感官审评也有人为误差。故必须有 2 年以上的重复制样和审评，而且要求茶园管理水平和样品采制人员相对稳定。如果年度之间趋势不一致，则需要第 3 年重复鉴定。

三十四、生化样品制备与检测

春季采摘第一批一芽二叶标准新梢进行蒸青固样（鲜叶薄摊，于沸腾的液化气蒸锅内蒸 1 min，取出后迅速用电风扇吹干表面水，之后于 80℃烘干箱内烘至足干，摊凉后密封包装备用）。检测方法：GB/T 8305—2002 茶 水浸出物测定；GB/T 8313—2008 茶 茶叶中茶多酚和儿茶素含量的检测方法测定；GB/T 8312—2002 茶 咖啡碱测定；GB/T 8314—2013 茶 游离氨基酸总量测定。2 年以上重复。

三十五、叶片解剖结构

将采摘成熟叶片切成薄片状或牙签状，固定在 5% 的戊二醛溶液中，样品放在 4℃冰箱保存。送样前用 0.1 M PBS 浸泡清洗 3 次，最后浸没在 0.1 M PBS（pH=7.4）溶液中，贴好标签送至厦门大学生命科学院电镜室制作半薄切片。切片机型号为（Leica，UC-7 RT，Germany），其中切片的厚度为 1 μm。装片返回后，用 1% 的甲苯胺蓝溶液染色，15 min 后用蒸馏水清洗，重复 2 次，在实验室用光学显微镜观察（Nikon Ni-U，Japan）拍照。

第三章

福建省农业科学院茶叶研究所选育黄化种质

韩冠茶

无性系，灌木型，小叶类，晚生种，二倍体。

[**品种来源**] 福建省农业科学院茶叶研究所从白鸡冠自然杂交后代中采用单株育种法育成。2020年获植物新品种权保护（品种权号：CNA20150215.0）。

[**特　　征**] 树姿半开张，发芽密度密，叶片稍上斜状着生，芽叶玉白色（嫩黄），芽叶茸毛少，叶形长椭圆，叶脉6对，叶色深绿，叶面隆起，叶缘微波，叶齿锐度锐、密度中、深度中，叶身内折，叶质硬，叶尖渐尖，叶基近圆形。在福安社口调查，始花期通常在10月下旬，盛花期11月中旬，花量中等，结实率较高。花冠直径3.2 cm，花瓣7瓣，子房茸毛多，花柱3裂，雌蕊高于雄蕊，花萼5片。果实为肾形，果实直径2.05 cm，果皮厚0.08 cm，种子球形，种径1.43 cm，种皮为棕色，百粒重160 g。

[**特　　性**] 春梢萌发期迟，在福建福安社口镇观测两年，一芽一叶初展期分别出现于4月13日和4月16日；一芽二叶初展期分别出现于4月18日和4月20日。春梢一芽三叶长7.07 ± 0.60 cm、重0.49 ± 0.08 g。3年春茶一芽二叶干样平均含水浸出物40.2%、氨基酸4.3%、茶多酚20.1%、儿茶素总量8.4%、EGCG 5.2%、咖啡碱3.4%。产量中等，适制绿茶、乌龙茶。制绿茶花香浓郁、浓厚鲜爽、水中香显；或花香较显、滋味鲜醇爽；或嫩香带花香、味醇厚。制乌龙茶花香较显，味较浓。耐寒、耐旱性能中等，抗茶小绿叶蝉能力较强，适应性中等。扦插繁殖力强。

[**适栽地区**] 福建福安及相似气候类型茶区，亦可作为观光茶园用种。

SSR指纹图谱

引物	TM212	TM222	TM272	TM237	TM202	TM172	TM242	TM187	TM122	TM057
条带	010	010100	011	000010	000101	010	1000000	010	0	001100

闺 冠 茶

无性系，灌木型，小叶类，中生种，二倍体。

[**品种来源**] 福建省农业科学院茶叶研究所从白鸡冠自然杂交后代中采用单株育种法育成。已申请植物新品种保护（公告号：CNA00290E）。

[**特　　征**] 树姿半开张，发芽密度较密，叶片上斜状着生，芽叶玉白色（嫩黄），芽叶茸毛中，叶形长椭圆，叶脉 8 对，叶色绿，叶面微隆，叶缘微波，叶齿锐度中、密度中、深度中等，叶身稍背卷，叶质中，叶尖渐尖，叶基楔形。在福安社口调查，始花期通常在 9 月下旬，盛花期 10 月下旬，花量多，结实率低。花冠直径 3.0 cm，花瓣 7 瓣，子房茸毛少，花柱 3 裂，雌蕊高于雄蕊，花萼 5 片。果实为球形，果实直径 1.63 cm，果皮厚 0.13 cm，种子球形，种径 1.43 cm，种皮为棕色，百粒重 125.4 g。

[**特　　性**] 春梢萌发期中等偏早，在福建福安社口镇观测两年，一芽一叶初展期分别出现于 3 月 30 日和 4 月 3 日；一芽二叶初展期分别出现于 4 月 1 日和 4 月 5 日。春梢一芽三叶长 7.15 ± 0.87 cm、重 0.44 ± 0.05 g。3 年春茶一芽二叶干样平均含水浸出物 44.7%、氨基酸 4.7%、茶多酚 17.9%、儿茶素总量 11.1%、EGCG 6.4%、咖啡碱 3.3%。产量较高，适制绿茶、乌龙茶。制绿茶有花香、滋味清醇；或栗香显，味较醇厚、带栗香。制乌龙茶花香较浓，味鲜醇爽。耐寒、耐旱性能较强，抗茶小绿叶蝉能力较强，适应性较强。扦插繁殖力强。

[**适栽地区**] 福建福安及相似气候类型茶区，亦可作为观光茶园用种。

SSR指纹图谱

引物	TM212	TM222	TM272	TM237	TM202	TM172	TM242	TM187	TM122	TM057
条带	011	010000	101	000000	001001	010	0100000	010	1	000100

皇 冠 茶

无性系，灌木型，小叶类，中生种，二倍体。

[**品种来源**] 福建省农业科学院茶叶研究所从白鸡冠自然杂交后代中采用单株育种法育成。2020年获植物新品种权保护（品种权号：CNA20150216.9）。

[**特　　征**] 树姿半开张，发芽密度密，叶片稍上斜状着生，芽叶芽叶玉白色（嫩黄），芽叶茸毛中，叶形长椭圆，叶脉8对，叶色绿，叶面微隆，叶缘平，叶齿锐度中、密度中、深度中等，叶身稍背卷，叶质中，叶尖渐尖，叶基楔形。福安社口调查，始花期通常在10月下旬，盛花期11月中旬，花量较多，结实率中等。花冠直径3.66 cm，花瓣6瓣，子房茸毛多，花柱3裂，雌蕊高于雄蕊，花萼5片。

[**特　　性**] 春梢萌发期中等，在福建福安社口镇观测两年，一芽一叶初展期分别出现于4月3日和4月4日；一芽二叶初展期分别出现于4月5日和4月8日。春梢一芽三叶长6.78±0.89 cm、重0.54±0.09 g。3年春茶一芽二叶干样平均含水浸出物42.4%、氨基酸5.0%、茶多酚17.0%、儿茶素总量12.8%、EGCG 6.7%、咖啡碱3.8%。产量较高，适制绿茶。制绿茶花香较显，滋味较醇爽；或花香尚显，味较醇厚；或清香显，汤中有香、味鲜醇。耐寒、耐旱性能较强，抗茶小绿叶蝉能力强，适应性较强。扦插繁殖力强。

[**适栽地区**] 福建福安及相似气候类型茶区，亦可作为观光茶园用种。

SSR指纹图谱

引物	TM212	TM222	TM272	TM237	TM202	TM172	TM242	TM187	TM122	TM057
条带	011	000000	000	000000	001001	010	0000100	010	1	000100

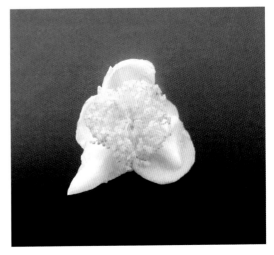

茗 苑 茶

无性系，灌木型，小叶类，中生种，二倍体。

[**品种来源**] 福建省农业科学院茶叶研究所从白鸡冠自然杂交后代中采用单株育种法育成。

[**特　　征**] 树姿半开张，发芽密度密，叶片呈上斜状着生，芽叶玉白色（嫩黄），芽叶茸毛中，叶形长椭圆，叶脉 8 对，叶色绿，叶面微隆，叶缘微波，叶齿锐度中、密度密、深度中等，叶身稍背卷，叶质硬，叶尖渐尖，叶基楔形。在福安社口调查，始花期通常在 10 月下旬，盛花期 11 月中旬，花量中等，结实率中等。花冠直径 3.3 cm，花瓣 6～8 瓣，子房茸毛多，花柱 3 裂，雌蕊高于雄蕊，花萼 5 片；果实为肾形，果实直径 2.11 cm，果皮厚 0.097 cm，种子球形，种径 1.32 cm，种皮为棕色，百粒重 160 g。

[**特　　性**] 春梢萌发期中等偏早，在福建福安社口镇观测两年，一芽一叶初展期分别出现于 3 月 30 日和 4 月 4 日；一芽二叶初展期分别出现于 4 月 1 日和 4 月 6 日。春梢一芽三叶长 6.52±0.84 cm、重 0.35±0.09 g。3 年春茶一芽二叶干样平均含水浸出率 42.7%、氨基酸 4.9%、茶多酚 20.5%、儿茶素总量 9.9%、EGCG 6.1%、咖啡碱 3.9%。产量较高，适制绿茶、乌龙茶。制绿茶汤色黄绿较明亮、花香较显、滋味醇厚、叶底嫩黄亮肥壮；或嫩香显、味浓醇爽、甘滑；或香气鲜醇、嫩香，味清醇爽。制乌龙茶花香较显，味较清醇。耐寒、耐旱性能较强，抗茶小绿叶蝉能力较强，适应性中等。扦插繁殖力强。

[**适栽地区**] 福建福安及相似气候类型茶区，亦可作为观光茶园用种。

SSR指纹图谱

引物	TM212	TM222	TM272	TM237	TM202	TM172	TM242	TM187	TM122	TM057	TM172
条带	000	010100	101	000000	000000	010	0100000	000	1	000100	010

0309B

无性系，灌木型，小叶类，晚生种，二倍体。

[品种来源] 福建省农业科学院茶叶研究所从白鸡冠自然杂交后代中采用单株育种法育成。2020 年获植物新品种权保护（品种权号：CNA20151732.2）。

[特　征] 从白鸡冠自然杂交后代中采用单株育种法育成。灌木型，中叶类，晚生种。树姿半开张，发芽密度中，叶片上斜状着生，芽叶紫绿色，芽叶茸毛中，叶形椭圆，叶脉 8 对，叶色浅绿，叶面微隆，叶缘微波，叶齿锐度中、密度密、深度中等，叶身稍背卷，叶质中，叶尖渐尖，叶基楔形。在福安社口调查，始花期通常在 10 月下旬，盛花期 11 月上旬，花量中等，结实率中等。花冠直径 3.76 cm，花瓣 6 瓣，子房茸毛中，花柱 3 裂，雌蕊高于雄蕊，花萼 5 片。

[特　性] 春梢萌发期迟，在福建福安社口镇观测两年，一芽一叶初展期分别出现于 4 月 15 日和 4 月 18 日；一芽二叶初展期分别出现于 4 月 21 日和 4 月 25 日。春梢一芽三叶长 5.30 ± 0.84 cm、重 0.43 ± 0.06 g。3 年春茶一芽二叶干样平均含水浸出率 46.2%、氨基酸 3.9%、茶多酚 21.9%、儿茶素总量 13.1%、EGCG 8.1%、咖啡碱 3.3%。生长势旺，产量高于对照种黄旦，适制乌龙茶。制乌龙茶花香显，味浓厚；花香微甜，汤中有香、味浓。耐寒、耐旱性能强，抗茶小绿叶蝉能力较强，适应性较强。扦插繁殖力强。

[适栽地区] 福建福安及相似气候类型茶区，亦可作为观光茶园用种。

SSR指纹图谱

引物	TM212	TM222	TM272	TM237	TM202	TM172	TM242	TM187	TM122	TM057
条带	010	100000	010	000001	001000	010	0000100	010	0	000100

茗 冠 茶

无性系，灌木型，中叶类，早生种，二倍体。

[**品种来源**] 福建省农业科学院茶叶研究所从白鸡冠自然杂交后代中采用单株育种法育成。已申请植物新品种保护（公告号：CNA020290E）。

[**特　　征**] 树姿半开张，发芽密度密，叶片呈稍上斜状着生，芽叶玉白色，芽叶茸毛较多，叶形长椭圆，叶脉 8 对，叶色绿，叶面微隆起，叶缘微波，叶齿锐度中等、密度密、深度中等，叶身内折，叶质中，叶尖渐尖，叶基楔形。在福安社口调查，始花期通常在 10 月中旬，盛花期 11 月下旬，花量多，结实率低。花冠直径 2.8 cm，花瓣 7～8 瓣，子房茸毛较多，花柱 3 裂，雌蕊高于雄蕊，花萼 5 片。果实为三角形，果实直径 2.14 cm，果皮厚 0.087 cm，种子球形，种径 1.21 cm，种皮为棕色，百粒重 80 g。

[**特　　性**] 春梢萌发期早，在福建福安社口镇观测两年，一芽一叶初展期分别出现于 3 月 23 日和 3 月 27 日；一芽二叶初展期分别出现于 3 月 27 日和 4 月 2 日。春梢一芽三叶长 6.02 ± 0.65 cm、重 0.35 ± 0.08 g。4 年春茶一芽二叶干样平均含水浸出物 39.1%、氨基酸 5.2%、茶多酚 18.5%、儿茶素总量 11.2%、EGCG 5.7%、咖啡碱 3.9%。产量较高，适制绿茶、乌龙茶、红茶、白茶，均花香显、滋味鲜醇、叶底艳丽亮。制绿茶外形黄绿尚润、汤色嫩绿清澈、香气花香显露、滋味清鲜、叶底绿白相间、较匀；或嫩香稍带花香，味鲜醇带花香；或花香浓郁、味醇厚鲜爽水中香显；2017 年获"中茶杯"评比特等奖；2018 年获"国饮杯"特等奖。制乌龙茶香高雅持久，汤中香显、味醇爽。制白茶香高锐、汤中香显、味醇厚。制红茶条紧细、毫较显、色较乌润，汤色红亮，甜香带花香、持久，味鲜醇稍带花香，叶底黄亮、均匀。2019 年茗冠绿茶、茗冠红茶获中国茶叶学会茶叶品质评价"四星"。耐寒、耐旱性能较强，抗茶小绿叶蝉能力较强，适应性中等。扦插繁殖力强。

[**适栽地区**] 福建福安及相似气候类型茶区，亦可作为观光茶园用种。

SSR指纹图谱

引物	TM212	TM222	TM272	TM237	TM202	TM172	TM242	TM187	TM122	TM057
条带	100	000001	001	001000	101000	010	0100000	010	1	000100

福白 0309D

无性系，灌木型，中叶类，晚生种，二倍体。

[**品种来源**] 福建省农业科学院茶叶研究所从白鸡冠自然杂交后代中采用单株育种法育成。已申请植物新品种保护（公告号：CNA020292E）。

[**特　　征**] 树姿半开张，发芽密度中等，叶片呈稍上斜状着生，芽叶玉白色带紫，芽叶茸毛较多，叶形长椭圆，叶脉 7 对，叶色绿，叶面微隆起，叶缘微波，叶齿锐度中、密度密、深度浅，叶身稍内折，叶质厚、硬，叶尖钝尖，叶基近圆形。在福安社口调查，始花期通常在 10 月下旬，盛花期 11 月中旬，花量多，结实率较高。花冠直径 2.8 cm，花瓣 6 瓣，子房茸毛少，花柱 3 裂，雌蕊高于雄蕊，花萼 5 片。果实为肾形，果实直径 2.22 cm，果皮厚 0.12 cm，种子球形，种径 1.50 cm，种皮为棕色，百粒重 198 g。

[**特　　性**] 春梢萌发期迟，在福建福安社口镇观测两年，一芽一叶初展期分别出现于 4 月 7 日和 4 月 12 日；一芽二叶初展期分别出现于 4 月 12 日和 4 月 16 日。春梢一芽三叶长 7.30 ± 1.17 cm、重 0.66 ± 0.15 g，产量中等。3 年春茶一芽二叶干样平均含水浸出率 46.9%、氨基酸 4.4%、茶多酚 20.6%、儿茶素总量 13.6%、EGCG 7.9%、咖啡碱 3.5%。适制绿茶，乌龙茶。制绿茶少毫、黄绿，汤色嫩黄亮，嫩香有花香，滋味醇厚。制乌龙茶花香较显、滋味醇爽；或栀子花香显、持久，滋味醇厚、汤中香显，耐冲泡，且制茶品质稳定；乌龙茶样曾获中国茶叶学会茶叶品质评价"五星"。耐寒、耐旱性能强，抗茶小绿叶蝉能力较强，适应性强。扦插繁殖力强。

[**适栽地区**] 福建福安及相似气候类型茶区，亦可作为观光茶园用种。

SSR指纹图谱

引物	TM212	TM222	TM272	TM237	TM202	TM172	TM242	TM187	TM122	TM057
条带	010	010000	100	001100	000000	010	0000010	010	1	001100

福白0317C

无性系，灌木型，小叶类，晚生种，二倍体。

[**品种来源**] 福建省农业科学院茶叶研究所从白鸡冠自然杂交后代中采用单株育种法育成。

[**特　　征**] 树姿半开张，发芽密度中等，叶片稍上斜状着生，紫芽、芽叶黄绿色，芽叶茸毛中等，叶形椭圆，叶脉8对，叶色绿，叶面微隆，叶缘微波，叶齿锐度中、密度密、深度浅，叶身稍内折，叶质中，叶尖渐尖，叶基近圆形。在福安社口调查，始花期通常在10月下旬，盛花期11月中旬，花量多，结实率较高。花冠直径2.9 cm，花瓣7瓣，子房茸毛中等，花柱3～4裂，雌蕊高于雄蕊，花萼5片。果实为三角形，果实直径2.69 cm，果皮厚0.096 cm，种子球形，种径1.51 cm，种皮为棕色，百粒重162 g。

[**特　　性**] 春梢萌发期晚，在福建福安社口镇观测两年，一芽一叶初展期分别出现于4月5日和4月8日；一芽二叶初展期分别出现于4月9日和4月11日。春梢一芽三叶长6.82±1.09 cm、重0.50±0.12 g。春茶一芽二叶干样平均含水浸出率52.6%、氨基酸5.0%、茶多酚22.5%、儿茶素总量13.2%、EGCG 7.8%、咖啡碱3.1%。产量中等，适制绿茶、乌龙茶。制绿茶少毫、嫩香稍带花香、滋味较鲜醇，叶底嫩黄绿。制乌龙茶香较显，味醇爽。耐寒、耐旱性能较强，抗茶小绿叶蝉能力较强，适应性较强。扦插繁殖力强。

[**适栽地区**] 福建福安及相似气候类型茶区，亦可作为观光茶园用种。

SSR指纹图谱

引物	TM212	TM222	TM272	TM237	TM202	TM172	TM242	TM187	TM122	TM057
条带	010	010000	011	000110	000101	010	0010000	010	0	001100

茗 丽 茶

无性系，灌木型，中叶类，中生种，二倍体。

[**品种来源**] 福建省农业科学院茶叶研究所从白鸡冠自然杂交后代中采用单株育种法育成。

[**特　征**] 树姿半开展，发芽密度较密，叶片稍上斜状着生，芽叶黄绿色，芽叶茸毛较少，叶形长椭圆，叶脉 8 对，叶色绿，叶面微隆起，叶缘微波，叶齿锐度中、密度密、深度浅，叶身稍内折，叶质中，叶尖渐尖，叶基近圆形。在福安社口调查，始花期通常在 10 月中旬，盛花期 11 月上旬，花量中等，结实率中等。花冠直径 2.8 cm，花瓣 6 瓣，子房茸毛少，花柱 3 裂，雌蕊高于雄蕊，花萼 5 片。果实为肾形，果实直径 2.16 cm，果皮厚 0.094 cm，种子球形，种径 1.45 cm，种皮为棕色，百粒重 138 g。

[**特　性**] 春梢萌发期中等，在福建福安社口镇观测两年，一芽一叶初展期分别出现于 4 月 2 日和 4 月 4 日；一芽二叶初展期分别出现于 4 月 5 日和 4 月 9 日。春梢一芽三叶长 7.52 ± 1.19 cm、重 0.46 ± 0.08 g，产量较高。3 年春茶一芽二叶干样平均含水浸出率 45.6%、氨基酸 5.4%、茶多酚 21.4%、儿茶素总量 12.6%、EGCG 7.0%、咖啡碱 3.5%。适制绿茶、乌龙茶。制绿茶花香较显，味浓较爽；或花香浓郁，汤中有香。制乌龙茶花香较显，味醇厚；香清醇、味浓。耐寒、耐旱性能较强，抗茶小绿叶蝉能力较强，适应性较强。扦插繁殖力强。

[**适栽地区**] 福建福安及相似气候类型茶区，亦可作为观光茶园用种。

SSR指纹图谱

引物	TM212	TM222	TM272	TM237	TM202	TM172	TM242	TM187	TM122	TM057
条带	010	000010	001	000100	001000	001	0010000	001	1	100100

玉 冠 茶

无性系，灌木型，小叶类，晚生种，二倍体。

[**品种来源**] 福建省农业科学院茶叶研究所从白鸡冠自然杂交后代中采用单株育种法育成。已申请品种权保护。

[**特 征**] 树姿半开张，发芽密度密，叶片稍上斜状着生，芽叶玉白色，芽叶茸毛较多，叶形椭圆形，叶脉 8 对，叶色绿，叶面微隆起，叶缘微波，叶齿锐度中等、密度密、深度中等，叶身稍内折，叶质中，叶尖渐尖，叶基近圆形。在福安社口调查，始花期通常在 10 月下旬，盛花期 11 月中旬，花量多，结实率中等。花冠直径 3.6 cm，花瓣 6～8 瓣，子房茸毛较多，花柱 3 裂，雌蕊高于雄蕊，花萼 5 片。果实为肾形，果实直径 1.81 cm，果皮厚 0.084 cm，种子球形，种径 1.24 cm，种皮为棕色，百粒重 90 g。

[**特 性**] 春梢萌发期晚，在福建福安社口镇观测两年，一芽一叶初展期分别出现于 4 月 8 日和 4 月 11 日；一芽二叶初展期分别出现于 4 月 15 日和 4 月 19 日。春梢一芽三叶长 7.14±0.65 cm、重 0.44±0.05 g。3 年春茶一芽二叶干样平均含水浸出率 44.9%、氨基酸 5.1%、茶多酚 19.6%、儿茶素总量 11.9%、EGCG 5.9%、咖啡碱 3.3%。芽梢密度较高，产量较高，适制绿茶。制绿茶少毫、嫩黄绿，汤色嫩绿明亮，嫩香较显，滋味较鲜醇，叶底嫩黄绿，品质与福鼎大白茶相当。耐寒、耐旱性能较强，适应性较强。扦插繁殖力强。

[**适栽地区**] 福建福安及相似气候类型茶区，亦可作为观光茶园用种。

SSR指纹图谱

引物	TM212	TM222	TM272	TM237	TM202	TM172	TM242	TM187	TM122	TM057
条带	001	000010	001	000010	001000	000	1000000	000	1	100100

桂 冠 茶

无性系，灌木型，小叶类，中生种。

[**品种来源**] 福建省农业科学院茶叶研究所从白鸡冠自然杂交后代中采用单株育种法育成。已申请品种权保护。

[**特　　征**] 树姿半开张，发芽密度中，叶片稍上斜状着生，芽叶玉白色（嫩黄），芽叶茸毛少，叶形长椭圆，叶脉 6 对，叶色深绿，叶面平，叶缘微波，叶齿锐度中、密度中、深度中，叶身内折，叶质中，叶尖急尖，叶基楔形。在福安社口调查，始花期通常在 9 月中旬，盛花期 10 月上旬，花量中等，结实率中等。花冠直径 3.1 cm，花瓣 8 瓣，子房茸毛少，花柱 3 裂，雌蕊高于雄蕊，花萼 5 片。果实为三角形，果实直径 2.24 cm，果皮厚 0.11 cm，种子球形，种径 1.28 cm，种皮为棕色，百粒重 60 g。

[**特　　性**] 春梢萌发期中等，在福建福安社口镇观测两年，一芽一叶初展期分别出现于 4 月 1 日和 4 月 6 日；一芽二叶初展期分别出现于 4 月 5 日和 4 月 10 日。春梢一芽三叶长 7.4 ± 0.75 cm、重 0.51 ± 0.11 g。3 年平均春茶一芽二叶干样平均水浸出率 44.3%、氨基酸 5.3%、茶多酚 18.2%、儿茶素总量 10.9%、EGCG 6.0%、咖啡碱 3.2%。芽梢密度较高，产量较高，适制绿茶、乌龙茶。制绿茶毫较显，汤色嫩黄绿，清香带花香、味醇爽；或花香显、醇厚鲜爽、水中香显；或嫩香明显、味较鲜醇或醇爽；或嫩香似杏仁香、浓较醇有花香。制乌龙茶香纯正，汤中有香、味醇厚。耐寒、耐旱性能较强，抗茶小绿叶蝉能力强，适应性较强。扦插繁殖力强、成活率高。

[**适栽地区**] 福建福安及相似气候类型茶区，亦可作为观光茶园用种。

SSR指纹图谱

引物	TM212	TM222	TM272	TM237	TM202	TM172	TM242	TM187	TM122	TM057
条带	000	010010	011	001000	010000	010	0010000	010	0	000100

乐冠茶

无性系，灌木型，小叶类，中生种，二倍体。

[**品种来源**] 福建省农业科学院茶叶研究所从白鸡冠自然杂交后代中采用单株育种法育成。已申请植物新品种保护（公告号：CNA020291E）。

[**特　征**] 树姿直立，发芽密度较高，叶片稍上斜，芽叶黄绿色，芽叶茸毛少，叶形长椭圆，叶脉 11 对，叶色黄绿，叶面微隆，叶缘微波，叶齿锐度中、密度密、深度浅，叶身内折，叶质中，叶尖渐尖，叶基近圆形。在福安社口调查，始花期通常在 10 月下旬，盛花期 11 月下旬，花量中等，结实率低。花冠直径 3.38 cm，花瓣 6 瓣，子房茸毛多，花柱 3 裂，雌蕊高于雄蕊，花萼 5 片。

[**特　性**] 春梢萌发期中等，2015 年和 2016 年在福建福安社口镇观测，一芽一叶初展期分别出现于 4 月 1 日和 4 月 5 日；一芽二叶初展期分别出现于 4 月 5 日和 4 月 8 日。春梢一芽三叶长 7.62 ± 0.90 cm、重 0.52 ± 0.09 g。3 年春茶一芽二叶干样平均含水浸出率 41.4%、氨基酸 3.9%、茶多酚 20.6%、儿茶素总量 11.0%、EGCG 6.9%、咖啡碱 3.5%。芽梢密度较高，产量较高，适制绿茶、乌龙茶。制绿茶杏仁香或嫩香、滋味鲜醇较爽；或花香显、味鲜醇、稍带花香；或栗香嫩香较显、味浓醇。制乌龙茶有花香、味较醇；或香较细腻，味浓。耐寒、耐旱性能较强，抗茶小绿叶蝉能力较强，适应性较强。扦插繁殖力强。

[**适栽地区**] 福建福安及相似气候类型茶区，亦可作为观光茶园用种。

SSR指纹图谱

引物	TM212	TM222	TM272	TM237	TM202	TM172	TM242	TM187	TM122	TM057
条带	010	010000	001	000010	000001	010	0100000	010	0	000100

0317M

无性系，灌木型，中叶类，晚生种，二倍体。

[**品种来源**] 福建省农业科学院茶叶研究所从白鸡冠自然杂交后代中采用单株育种法育成。

[**特　　征**] 树姿半开张，发芽密度中，叶片呈上斜状着生，芽叶玉白色，芽叶茸毛中等，叶形椭圆形，叶脉 8 对，叶色绿色，叶面微隆起，叶缘微波，叶齿锐度钝、密度密、深度浅，叶身稍内折，叶质中，叶尖钝尖，叶基近圆形。在福安社口调查，始花期通常在 10 月中旬，盛花期 11 月上旬，花量较多，结实率中等。花冠直径 3.1 cm，花瓣 7 瓣，子房茸毛多，花柱 3 裂，雌蕊高于雄蕊，花萼 5 片。果实为三角形，果实直径 2.9 cm，果皮厚 0.09 cm，种子球形，种径 1.84 cm，种皮为棕色，百粒重 104 g。

[**特　　性**] 春梢萌发期迟，在福建福安社口镇观测两年，一芽一叶初展期分别出现于 4 月 13 日和 4 月 16 日；一芽二叶初展期分别出现于 4 月 18 日和 4 月 20 日。春梢一芽三叶长 8.37 ± 1.12 cm、重 0.53 ± 0.09 g。春茶一芽二叶平均含水浸出物 48.5%、茶多酚总量 17.0%、咖啡碱 3.0%、氨基酸总量 4.5%（其中茶氨酸 1.1%）、儿茶素总量 8.8%、EGCG 11.0%。产量中等，适制绿茶。制绿茶花香较显、滋味鲜醇爽。耐寒、耐旱性能较强，适应性较强。扦插繁殖力强。

[**适栽地区**] 福建福安及相似气候类型茶区，亦可作为观光茶园用种。

SSR指纹图谱

引物	TM212	TM222	TM272	TM237	TM202	TM172	TM242	TM187	TM122	TM057
条带	001	000010	001	000100	010000	001	0010000	001	0	000010

泽 冠 茶

无性系，灌木型，小叶类，早生种，二倍体。

[**品种来源**] 福建省农业科学院茶叶研究所从白鸡冠自然杂交后代中采用单株育种法育成。

[**特　征**] 树姿半开张，发芽密度密，叶片呈稍上斜状着生，芽叶玉白色，芽叶茸毛较多，叶形长椭圆，叶脉 9 对，叶色绿，叶面微隆起，叶缘微波，叶齿锐度中、密度密、深度中等，叶身稍内质，叶质硬，叶尖渐尖，叶基楔形。在福安社口调查，始花期通常在 10 月下旬，盛花期 11 月上旬，花量多，结实率中。花冠直径 3.66 cm，花瓣 6～7 瓣，子房茸毛多，花柱 3 裂，雌蕊高于雄蕊，花萼 5 片。果实为球形，果实直径 1.82 cm，果皮厚 0.15 cm，种子球形，种径 1.49 cm，种皮为棕色，百粒重 144 g。

[**特　性**] 春梢萌发期早，在福建福安社口镇观测两年，一芽一叶初展期分别出现于 3 月 27 日和 4 月 1 日；一芽二叶初展期分别出现于 3 月 31 日和 4 月 6 日。春梢一芽三叶长 7.41 ± 0.99 cm、重 0.37 ± 0.09 g。3 年春茶一芽二叶干样平均含水浸出率 35.9%、氨基酸 4.9%、茶多酚 16.0%、儿茶素总量 10.9%、EGCG 5.7%、咖啡碱 3.4%。产量较高，适制绿茶。制绿茶芽头较肥壮、毫较显、色黄绿翠，汤色嫩绿明亮，花香较显，滋味醇爽，叶底嫩黄稍绿；或栗香、嫩香较显、味较甜醇；或栗香较显、味较浓爽。耐寒、耐旱性能较强，抗茶小绿叶蝉能力较强，适应性较强。扦插繁殖力强。

[**适栽地区**] 福建福安及相似气候类型茶区，亦可作为观光茶园用种。

SSR指纹图谱

引物	TM212	TM222	TM272	TM237	TM202	TM172	TM242	TM187	TM122	TM057
条带	010	010100	101	000000	001001	010	0000100	010	1	000110

芝 冠 茶

无性系，灌木型，中叶类，晚生种，二倍体。

[**品种来源**] 福建省农业科学院茶叶研究所从黄枝与白鸡冠杂交后代中采用单株育种法育成。已申请品种权保护。

[**特　征**] 树姿半开张，发芽密度较高，叶片稍上斜状着生，芽叶黄绿色，芽叶茸毛中等，叶形椭圆形，叶脉 8 对，叶色绿，叶面隆起，叶缘波，叶齿锐度中、密度密、深度中等，叶身内折，叶质硬，叶尖渐尖，叶基近圆形。在福安社口调查，始花期通常在 11 月上旬，盛花期 11 月下旬，花量中等，结实率低。花冠直径 3.4 cm，花瓣 6 瓣，子房茸毛多，花柱 3 裂，雌蕊高于雄蕊，花萼 5 片。

[**特　性**] 春梢萌发期迟，在福建福安社口镇观测两年，一芽一叶初展期分别出现于 4 月 15 日和 4 月 16 日；一芽二叶初展期分别出现于 4 月 17 日和 4 月 20 日。春梢一芽三叶长 7.15 ± 1.07 cm、重 0.44 ± 0.07 g，芽梢密度较高，产量较高。4 年春茶一芽二叶干样平均水浸出率 47.8%、氨基酸 5.3%、茶多酚 19.3%、儿茶素总量 13.8%、EGCG 7.1%、咖啡碱 3.3%。适制绿茶。制绿茶嫩香带板栗香，味较浓爽，叶底肥厚、嫩黄绿。耐寒、耐旱性能强，抗茶小绿叶蝉能力较强，适应性较强。扦插繁殖力强。

[**适栽地区**] 福建福安及相似气候类型茶区，亦可作为观光茶园用种。

SSR指纹图谱

引物	TM212	TM222	TM272	TM237	TM202	TM172	TM242	TM187	TM122	TM057
条带	001	000010	000	000000	001001	010	1000000	001	1	000010

第四章

福建省农业科学院茶叶研究所
保存省内外特异种质

特异新梢色泽种质

白 鸡 冠

无性系，灌木型，中叶类，特晚生种，二倍体。

[品种来源] 原产武夷山慧苑岩之外鬼洞，在武夷山隐屏峰蝙蝠洞、武夷宫白蛇洞口亦有
与白鸡冠齐名之树。相传明代已有白鸡冠。武夷山传统五大珍贵名枞之一。

[特　　征] 树姿半开张，发芽密度较密，叶片稍上斜状着生，芽叶黄白色，芽叶茸毛少，
叶形长椭圆形或椭圆形，叶脉 8 对，叶色绿，叶面微隆起，叶缘微波，叶齿
锐度钝、密度密、深度浅，叶身稍内折，叶质中，叶尖渐尖，叶基楔形。栅
栏组织 2 层，叶片总厚度 282.45 ± 3.85 μm，上表皮厚度 20.20 ± 0.01 μm，栅
栏组织厚度 77.28 ± 5.71 μm，海绵组织皮厚度 162.22 ± 0.63 μm，栅 / 海值
0.476，下表皮厚度 13.15 ± 0.83 μm。在福安社口调查，始花期通常在 10 月
下旬，盛花期 11 月中旬，花量多，结实率高。花冠直径 3.45 cm，花瓣 8 瓣，
子房茸毛多，花柱 3 裂，雌蕊高于雄蕊，花萼 5 片。果实为肾形，果实直
径 2.09 cm，果皮厚 0.096 cm，种子球形，种径 1.4 cm，种皮为棕色，百粒重
150 g。

[特　　性] 春梢萌发期特迟，2015 年和 2016 年在福建福安社口镇观测，一芽一叶初展
期分别出现于 4 月 21 日和 4 月 27 日；一芽二叶初展期分别出现于 4 月 24
日和 4 月 29 日。在福安社口取样，平均春茶一芽二叶含水浸出物 51.9%、
茶多酚 23.6%、氨基酸 3.7%、儿茶素总量 17.2%、EGCG 11.4%、咖啡碱
3.5%。适制绿茶、乌龙茶。制绿茶汤色黄绿较明亮，稍有花香，滋味清醇，
叶底软黄亮；制乌龙茶清香较显，滋味较醇，叶底黄亮。产量中等，耐旱性
与耐寒性较强，适应性较强。扦插繁殖力较强。

[适栽地区] 福建武夷山、福安及相似气候类型茶区，亦可作为观光茶园用种。

[栽培要点] 宜选择土层深厚地块，增施有机肥，采用双行条栽种植，适时定型修剪。

SSR指纹图谱

引物	TM212	TM222	TM272	TM237	TM202	TM172	TM242	TM187	TM122	TM057
条带	010	010100	101	000110	001000	010	0100000	010	1	000100

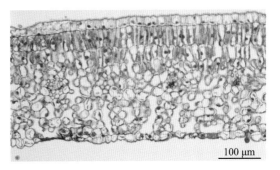

100 μm

白叶 1 号

又名安吉白茶、大溪白茶。无性系，灌木型，中叶类，中生种，二倍体。

[品种来源] 原产浙江省安吉县山河乡大溪村。1998 年浙江省农作物品种审定委员会认定为省级品种。为温度敏感的自然突变体。春季萌发新梢嫩叶叶色呈可逆性白化，在白化过程中其叶绿素急剧下降和氨基酸显著上升。

[特　　征] 树姿半开张，发芽密度中等，叶片稍上斜或水平状着生。春茶幼嫩叶呈白色，芽叶茸毛中等。叶形长椭圆，叶脉 7 对，叶色浅绿，叶面平，叶缘微波，叶齿锐度浅、深度浅、密度密，叶身稍内折，叶质较薄软，叶尖钝尖，叶基楔形。栅栏组织 2 层，叶片总厚度 303.91 ± 1.15 μm，上表皮厚度 18.51 ± 0.83 μm，栅栏组织厚度 91.58 ± 0.90 μm，海绵组织厚度 173.77 ± 2.92 μm，栅 / 海值 0.527，下表皮厚度 15.60 ± 1.98 μm。在福安社口调查，始花期通常在 10 月中旬，盛花期 11 月上旬，花量多，结实率较高。花冠直径 2.7 cm，花瓣 6～7 瓣，子房茸毛中等，花柱 3 裂，雌蕊高于雄蕊，花萼 5 片。果实为肾形，果实直径 2.06 cm，果皮厚 0.07 cm，种子球形，种径 1.29 cm，种皮为棕色，百粒重 85 g。

[特　　性] 春梢萌发期中等，在福建福安社口镇观测两年，一芽一叶初展期分别出现于 4 月 1 日和 4 月 6 日；一芽二叶初展期分别出现于 4 月 5 日和 4 月 10 日。春梢一芽三叶长 7.97 ± 1.01 cm、春梢一芽三叶重 0.49 ± 0.08 g。在福建福安社口取样，平均春茶一芽二叶含水浸出物 51.0%、氨基酸 4.1%、茶多酚 19.5%、儿茶素总量 16.9%、EGCG 8.5%、咖啡碱 3.0%。芽叶生育力中等，持嫩性强，春茶产量较低。适制绿茶，色泽翠绿，香气清鲜，滋味鲜爽，叶底玉白色。耐寒性能强，耐高温干旱性能较强，适应性较强。扦插繁殖力强。

[适栽地区] 浙江北部茶区、福建福安及相似气候类型茶区。

[栽培要点] 宜选择海拔偏高的茶区栽种，以提高芽叶白化度，延长采摘期。选择土层深厚地块，采用双行条栽种植，适时定型修剪。种植初期应进行遮阴，及时灌溉。幼苗期，夏秋季可进行遮阴降低高温强光伤害，提高种植成活率。提倡多施有机肥，成龄前适施速效氮。

SSR指纹图谱

引物	TM212	TM222	TM272	TM237	TM202	TM172	TM242	TM187	TM122	TM057
条带	000	000000	100	000000	001000	000	0100100	000	1	010000

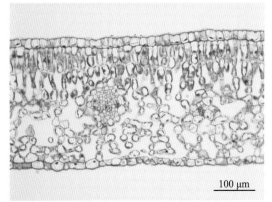

黄 金 芽

无性系，灌木型，中叶类，中生种，二倍体。

[**品种来源**] 由浙江省余姚市三七市镇德氏家茶场、余姚市林特科技推广总站、宁波市林特科技推广总站、浙江大学茶叶研究所于 1998 年于当地品种茶树群体的自然变异枝条，选育成的光照敏感型新梢白化变异体。2008 年通过浙江省林木品种审定委员会认定（编号：浙 R-SV-CS-010-2008）。2022 年获农业农村部品种登记通过〔编号：GPD 茶树（2022）330017〕。

[**特　　征**] 植株中等，树姿半开张，分枝密度较稀。叶片呈上斜状着生，芽体较小，芽叶茸毛较多、黄白色，叶形披针形，叶脉 8 对，叶色浅绿或黄白，叶面平，叶缘平或波，叶齿锐度中、密度密、深度浅，叶身平或稍内折，叶质中等，叶尖渐尖，叶基近圆形。栅栏组织 2 层，叶片总厚度 264.37 ± 7.57 μm，上表皮厚度 16.77 ± 1.43 μm，栅栏组织厚度 101.64 ± 6.16 μm，海绵组织厚度 125.14 ± 8.39 μm，栅 / 海值 0.812，下表皮厚度 14.30 ± 0.14 μm。在福安社口调查，始花期通常在 9 月下旬，盛花期 10 月中旬，花量多，结实率低。花冠直径 3.0 cm，花瓣 6 瓣，子房茸毛中等，花柱 3 裂，雌蕊高于雄蕊，花萼 5 片。果实为球形，果实直径 1.5 cm，果皮厚 0.07 cm，种子球形，种径 1.47 cm，种皮为棕色，百粒重 118.8 g。

[**特　　性**] 春梢萌发期中等，2016 年和 2017 年在福建福安社口镇观测，一芽一叶初展期分别出现于 3 月 30 日和 4 月 5 日；一芽二叶初展期分别出现于 4 月 3 日和 4 月 8 日。春梢一芽三叶长 5.88 ± 1.05 cm、重 0.29 ± 0.07 g。在福建福安社口取样，平均春茶一芽二叶含水浸出物 44.2%、氨基酸 5.6%、茶多酚 11.7%、儿茶素总量 5.6%、EGCG 2.6%、咖啡碱 3.4%。发芽密度较低，产量较低。适制绿茶。制绿茶，汤色浅黄绿、明亮，香气清香，滋味鲜醇，叶底黄绿。白化期的黄金芽抗寒冻、抗旱、抗灼伤能力较弱，返绿后抗逆能力较强。扦插繁殖力强。

[**适栽地区**] 浙江省内年活动积温大于 4 200℃以上茶区、福建福安及相似气候类型茶区。

[**栽培要点**] 提倡与经济树种套种，遮光率控制在 30% 以下。尤其幼苗期，夏秋季可采取遮阴降低高温强光伤害，提高种植成活率。适当缩小行间距，增加种植密度，双行双株种植，亩植茶苗 5 000 株左右。夏秋高温干旱期加强水分管理；最后一轮新梢萌发期后不提倡采摘。

SSR指纹图谱

引物	TM212	TM222	TM272	TM237	TM202	TM172	TM242	TM187	TM122	TM057
条带	010	010100	100	000110	001000	010	0100000	010	1	001001

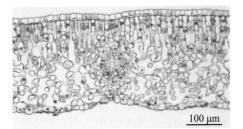

千 年 雪

无性系，灌木型，中叶类，中生种，二倍体。

[**品种来源**] 由浙江省余姚市三七市镇德氏家茶场、宁波市林特科技推广总站、宁波望海茶业发展有限公司、余姚市林特科技推广总站、浙江大学茶叶研究所于1998年从当地农家品种有性繁殖后代经单株选育而成。2008年通过浙江省林木品种审定委员会认定（编号：浙R-SV-CS-011-2008）。2022年获农业农村部品种登记通过〔编号：GPD茶树（2022）330016〕。

[**特　　征**] 植株高大，树姿半直立，分枝密而伸展能力较强。叶片呈上斜状着生，芽梢玉白色、茸毛少，叶形椭圆形，叶色绿、少光泽，叶面微隆，叶身平，叶缘平或背卷，叶齿锐度密、密度密、深度浅，叶质较软，叶尖圆尖，叶基楔形。栅栏组织3层，叶片总厚度297.58±8.11 μm，上表皮厚度18.44±2.19 μm，栅栏组织厚度113.68±5.25 μm，海绵组织厚度146.91±4.83 μm，栅/海值0.770，下表皮厚度14.11±1.51 μm。在福安社口调查，始花期通常在9月下旬，盛花期10月下旬，花量多，结实率较高。花冠直径4.0 cm，花瓣7～10瓣，子房茸毛中等，花柱3裂，雌蕊高于雄蕊，花萼5片。果实为肾形，果实直径1.74 cm，果皮厚0.1 cm，种子球形，种径1.2 cm，种皮为棕色，百粒重86 g。

[**特　　性**] 春梢萌发期中等，2016年和2017年在福安社口镇观测，一芽一叶初展期分别出现于4月6日和4月11日；一芽二叶初展期分别出现于4月12日和4月16日。春梢一芽三叶长5.69±0.61 cm，重0.32±0.05 g。在福安社口取样，平均春茶一芽二叶含水浸出物49.0%、氨基酸总量4.5%（其中茶氨酸0.6%）、茶多酚总量11.2%、儿茶素总量8.8%、EGCG 6.9%、咖啡碱2.5%。芽叶生育力较强，产量中等，适制绿茶。制绿茶香高持久，滋味鲜醇。耐寒性能较强，耐高温干旱性能较强，适应性较强。扦插繁殖力强。

[**适栽地区**] 浙江、福建福安及相似气候类型茶区。

[**栽培要点**] 宜选择土层深厚园地种植；采用双行条栽种植，适当密植；按时定型修剪。

SSR指纹图谱

引物	TM212	TM222	TM272	TM237	TM202	TM172	TM242	TM187	TM122	TM057
条带	011	011010	100	000110	000000	000	0100100	010	1	010010

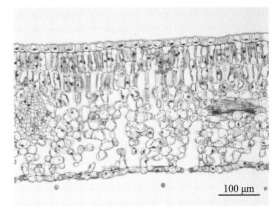

中黄 1 号

原名天台黄茶。无性系，灌木型，中叶类，中生种，二倍体。

[**品种来源**] 从浙江省天台县地方资源中发现的黄化变异单株，由中国农业科学院茶叶研究所、浙江天台九遮茶叶公司和天台县林业特产技术推广站联合选育而成，2013 年通过浙江省林木品种审定委员会的新品种认定（编号：浙 R-SV-CS-008-2013）。2016 年又通过浙江省林木品种审定委员会的审定（编号：浙 R-S-SV-CS-005-2016）。2019 年获农业农村部品种登记通过〔编号：GPD 茶树（2019）330033〕。

[**特　征**] 植株中等，树姿半开张，分枝较密。叶片呈稍上斜状着生。春季芽梢呈鹅黄色，夏秋季新梢为淡黄色，芽叶茸毛中等，叶形椭圆形，叶色黄绿，叶面微隆起，叶身内折，叶缘微波，叶齿锐度钝、密度中、深度浅，叶质中等，叶尖钝尖，叶基近圆形。栅栏组织 2 层，叶片总厚度 255.12 ± 1.94 μm，上表皮厚度 28.04 ± 1.86 μm，栅栏组织厚度 81.01 ± 2.52 μm，海绵组织厚度 123.97 ± 2.99 μm，栅/海值 0.653，下表皮厚度 15.59 ± 1.11 μm。在福安社口调查，始花期通常在 10 月中旬，盛花期 11 月上旬，花量较多，结实率低。花冠直径 2.2 cm，花瓣 7～8 瓣，子房茸毛少，花柱 3 裂，雌蕊高于雄蕊，花萼 5 片。果实为三角形，果实直径 1.9 cm，果皮厚 0.075 cm，种子球形，种径 1.13 cm，种皮为棕色，百粒重 80 g。

[**特　性**] 春梢萌发期中等偏迟，2016 年和 2017 年在福安社口镇观测，一芽一叶初展期分别出现于 4 月 5 日和 4 月 9 日；一芽二叶初展期分别出现于 4 月 8 日和 4 月 11 日。春梢一芽三叶长 7.09 ± 0.70 cm、重 0.46 ± 0.07 g。在福安社口取样，平均春茶一芽二叶含水浸出物 49.9%、氨基酸总量 7.2%（其中茶氨酸 2.03%）、茶多酚总量 9.9%、儿茶素总量 8.8%、EGCG5.4%、咖啡碱 2.6%。发芽密度较高，持嫩性较强，产量较高，适制绿茶。制绿茶翠绿隐毫，汤色黄绿明亮，清香较显，滋味鲜醇、稍带花香，叶底黄亮。耐寒性能较强，耐高温干旱性能较强，适应性较强。扦插繁殖力强。

[**适栽地区**] 浙江、福建福安及相似气候类型茶区，亦可作为观光茶园用种。

[**栽培要点**] 宜选择土层深厚地块，增施有机肥；采用双行条栽种植，按时定型修剪，摘顶养蓬。

SSR指纹图谱

引物	TM212	TM222	TM272	TM237	TM202	TM172	TM242	TM187	TM122	TM057
条带	000	000000	000	000000	001001	010	0100000	010	0	000110

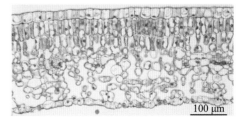

中黄 2 号

原名缙云黄。无性系，灌木型，中叶类，中生种，二倍体。

[品种来源] 从浙江省缙云县地方资源中发现的黄化变异单株，由中国农业科学院茶叶研究所、缙云县农业局、缙云县上湖茶叶合作社采用系统育种法联合育成，2015 年通过浙江省非主要农作物品种审定委员会的新品种审定〔编号：浙（非）审茶 2015001〕。2019 年获农业农村部品种登记通过〔编号：GPD 茶树（2019）330034〕。

[特　　征] 植株中等，树姿半开张，分枝较密。叶片呈稍上斜状着生。芽叶嫩黄（春季新梢为葵花黄色）、茸毛少，发芽密度较高，叶形椭圆形，叶脉 8 对，叶色黄绿、富光泽，叶面微隆起，叶缘微波，叶齿锐度中、密度中、深度中，叶身稍内折，叶质中，叶尖钝尖，叶基楔形。栅栏组织 2 层，叶片总厚度 284.94 ± 8.85 μm，上表皮厚度 18.90 ± 0.72 μm，栅栏组织厚度 74.02 ± 0.63 μm，海绵组织厚度 167.33 ± 8.50 μm，栅/海值 0.442，下表皮厚度 13.74 ± 1.42 μm。在社口福安调查，始花期通常在 10 月中旬，盛花期 11 月上旬，花量多，结实率较高。花冠直径 3.4 cm，花瓣 7 瓣，子房茸毛中等，花柱 3 裂，雌蕊高于雄蕊，花萼 5 片。果实为三角形，果实直径 2.58 cm，果皮厚 0.08 cm，种子球形，种径 1.38 cm，种皮为棕色，百粒重 124 g。

[特　　性] 春梢萌发期中等，2016 年和 2017 年在福建福安社口镇观测，一芽一叶初展期分别出现于 4 月 3 日和 4 月 8 日；一芽二叶初展期分别出现于 4 月 7 日和 4 月 10 日。春梢一芽三叶长 7.05 ± 0.80 cm、重 0.55 ± 0.09 g。在福安社口取样，平均春茶一芽二叶含水浸出物 42.6%、氨基酸总量 7.6%（其中茶氨酸 2.39%）、茶多酚总量 11.4%、儿茶素总量 8.8%、EGCG 6.8%、咖啡碱 2.7%。持嫩性强，产量中等，适制绿茶。制绿茶黄绿隐毫，汤色黄绿明亮，香气清纯、有花香，滋味较醇厚，叶底较嫩黄、软亮。耐寒性能较强，耐高温干旱性能较强，适应性较强。扦插繁殖力强。

[适栽地区] 浙江、福建福安及相似气候类型茶区。亦可作为观光茶园用种。

[栽培要点] 宜选择土层深厚地块，采用双行条栽，增加种植密度，适时定型修剪。立体蓄梢栽培模式，不宜遮阴栽培，越冬前和春茶前不宜修剪。

SSR指纹图谱

引物	TM212	TM222	TM272	TM237	TM202	TM172	TM242	TM187	TM122	TM057
条带	011	011000	010	000110	000000	010	1100000	110	1	010010

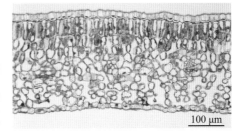

安吉黄茶

无性系，灌木型，小叶类，中生种，二倍体。

[品种来源] 民间渠道引种于浙江安吉。

[特　　征] 植株较高大，树姿半开张，分枝较密。叶片呈稍上斜状着生，叶形椭圆形，叶脉7对，叶色绿，富光泽，叶面微隆起，叶缘微波，叶尖钝尖，叶齿锐度中、密度密、深度浅，叶身稍内折，叶质较厚软，叶基楔形。福安调查，始花期通常在9月中旬，盛花期10月上旬，花量多，结实率高。花冠直径4.0 cm，花瓣7瓣，子房茸毛中等，花柱3裂，雌蕊高于雄蕊，花萼5～6片。栅栏组织2层，叶片总厚度267.97±4.37 μm，上表皮厚度20.08±0.85 μm，栅栏组织厚度68.66±2.79 μm，海绵组织皮厚度162.46±3.08 μm，栅/海值0.423，下表皮厚度10.72±0.56 μm。果实为三角形，果实直径2.48 cm，果皮厚0.10 cm，种子球形，种径1.36 cm，种皮为棕色，百粒重130 g。

[特　　性] 春梢萌发期较早，2015年和2016年在福建福安社口镇观测，一芽一叶初展期分别出现于4月1日和4月8日；一芽二叶初展期分别出现于4月5日和4月12日。芽叶生育力较强，发芽密度较密，持嫩性强，黄绿色，较肥壮，茸毛中等，春梢一芽三叶长5.12±0.52 cm、重0.26±0.05 g。在福建福安社口取样，平均春茶一芽二叶含水浸出物49.1%、氨基酸7.8%（其中茶氨酸1.8%）、茶多酚13.5%、儿茶素总量8.8%、EGCG 7.0%、咖啡碱2.8%。适制绿茶，干茶翠绿隐毫，汤色黄绿明亮，香气清纯、稍有花香，滋味鲜醇、厚，叶底软黄亮。耐寒性能较强，耐高温干旱性能较强。扦插繁殖力强。

[适栽地区] 浙江北部茶区、福建福安及相似气候类型茶区。

[栽培要点] 宜选择土层深厚地块，采用双行条栽种植，按时定型修剪，摘顶养蓬。

SSR指纹图谱

引物	TM212	TM222	TM272	TM237	TM202	TM172	TM242	TM187	TM122	TM057
条带	001	011000	010	000110	000000	010	1010000	010	1	000001

景白 2 号

无性系，灌木型，中叶类，中生种，二倍体。

[**品种来源**] 由景宁畲族自治县经济作物总站从惠明茶树品种变异中选育而成，2014 年通过浙江省非主要农作物品种审定委员会审定〔编号：浙（非）审茶 2014002〕。2020 年获农业农村部品种登记通过〔编号：GPD 茶树（2020）330011〕。

[**特　　征**] 植株中等，树姿半开张，分枝较密，叶片呈稍上斜状着生，芽梢玉白色、茸毛较少，叶形披针形或长椭圆形，叶色黄绿，富光泽，叶脉 8 对，叶面微隆起，叶身内折，叶缘平，叶齿锐度钝、密度中、深度浅，叶质中，叶尖渐尖，叶基楔形。栅栏组织 2 层，叶片总厚度 $292.86 \pm 5.68\ \mu m$，上表皮厚度 $21.68 \pm 0.55\ \mu m$，栅栏组织厚度 $77.37 \pm 0.84\ \mu m$，海绵组织皮厚度 $174.74 \pm 2.87\ \mu m$，栅/海比值 0.443，下表皮厚度 $12.93 \pm 1.74\ \mu m$。在福安社口调查，始花期通常在 10 月下旬，盛花期 11 月上旬，花量中等，结实率低。花冠直径 2.9 cm，花瓣 7～8 瓣，子房茸毛中等，花柱 3 裂，雌蕊高于雄蕊，花萼 5 片。果实为球形，果实直径 1.87 cm，果皮厚 0.095 cm，种子球形，种径 1.28 cm，种皮为浅棕色，百粒重 160 g。

[**特　　性**] 春梢萌发期较早，2 年在福安社口观测，一芽一叶初展期分别出现于 4 月 5 日和 4 月 8 日；一芽二叶初展期分别出现于 4 月 7 日和 4 月 11 日。春梢一芽三叶长 7.09 ± 0.70 cm、重 0.46 ± 0.07 g。在福安社口取样，平均春茶一芽二叶含水浸出物 45.2%、氨基酸总量 6.4%（其中茶氨酸 2.0%）、茶多酚总量 14.5%、儿茶素总量 8.8%、EGCG 7.7%、咖啡碱 2.9%。产量较高，适制绿茶。制绿茶黄绿隐毫，汤色黄绿明亮，香气嫩香、花香显，滋味醇爽、水中香显，叶底黄亮。耐高温干旱、耐寒性较强，适应性较强。扦插繁殖率高。

[**适栽地区**] 适宜在浙江省及福建福安相似气候类型茶区推广种植。

[**栽培要点**] 园地要求阳光充足、通风、土壤深厚、有机质含量较高；适度密植，行株距 1.3 m × 0.3 m；抓好幼龄茶园定型修剪，增施农家肥或商品有机肥；生产茶园推广立体采摘。

SSR指纹图谱

引物	TM212	TM222	TM272	TM237	TM202	TM172	TM242	TM187	TM122	TM057
条带	010	010110	110	000010	011000	010	0100000	010	1	001100

黄 金 袍

无性系，灌木型，小叶类，中生种，二倍体。

[品种来源] 民间渠道引种于浙江。

[特　　征] 植株较高大，树姿半开张，分枝较密。叶片呈稍上斜状着生，芽叶玉白色（嫩黄），芽叶茸毛较多，叶形椭圆形，叶色绿或黄绿，富光泽，叶面微隆起，叶身稍内折，叶缘微波，叶尖渐尖，叶齿锐度中、密度密、深度中，叶基楔形，叶质脆，叶脉 7 对。栅栏组织 2 层，叶片总厚度 262.85 ± 8.90 μm，上表皮厚度 16.17 ± 0.85 μm，栅栏组织厚度 64.86 ± 2.49 μm，海绵组织厚度 160.73 ± 6.88 μm，栅 / 海值 0.403，下表皮厚度 12.83 ± 0.65 μm。在福安社口调查，始花期通常在 10 月中旬，盛花期 11 月下上旬，花量中等，结实率较低。花冠直径 2.9 cm，花瓣 7 瓣，子房茸毛多，花柱 3 裂，雌蕊高于雄蕊，花萼 5 片。果实为肾形，果实直径 1.73 cm，果皮厚 0.08 cm，种子球形，种径 1.63 cm，种皮为棕色，百粒重 60 g。

[特　　性] 春梢萌发期中等，2015 年和 2016 年在福建福安社口镇观测，一芽一叶初展期分别出现于 4 月 1 日和 4 月 7 日；一芽二叶初展期分别出现于 4 月 5 日和 4 月 11 日。春梢一芽三叶长 5.32 ± 0.88 cm、重 0.28 ± 0.03 g。在福建福安社口取样，平均春茶一芽二叶含水浸出物 44.4%、氨基酸 5.2%、茶多酚 14.5%、儿茶素总量 8.8%、EGCG 5.8%、咖啡碱 3.0%。发芽密度较密，产量较高，适制绿茶。耐寒性能较强，耐高温干旱性能较强，适应性较强。扦插繁殖力强。

[适栽地区] 浙江北部茶区、福建福安及相似气候类型茶区。

[栽培要点] 宜选择土层深厚地块，采用双行条栽种植，按时定型修剪，摘顶养蓬。

SSR指纹图谱

引物	TM212	TM222	TM272	TM237	TM202	TM172	TM242	TM187	TM122	TM057
条带	001	011000	010	000110	000000	010	1010000	010	1	000001

紫　　娟

无生系，小乔木型，大叶类，中生种。

[**品种来源**] 1985 年，由云南省农业科学院茶叶研究所从云南大叶种群体中的勐海大叶茶中单株选育而成。

[**特　　征**] 树姿半开展，分枝部位较高，分枝密度较高，叶片呈上斜状着生，芽叶紫红色、茸毛多，叶形披针形，叶色紫色、叶柄呈紫红色，叶片较硬，叶脉 10 对，叶面平滑，叶缘平，叶齿锐度钝、密度中、深度浅，叶尖渐尖，叶基楔形。栅栏组织 2 层，叶片总厚度 268.75 ± 3.55 μm，上表皮厚度 16.58 ± 0.68 μm，栅栏组织厚度 83.74 ± 2.23 μm，海绵组织厚度 149.73 ± 6.18 μm，栅/海值 0.559，下表皮厚度 15.01 ± 1.38 μm。在福安社口调查，始花期通常在 11 月上旬，盛花期 11 月中旬，花量较多，结实率较高。花冠直径 3.2 cm，花瓣 6 瓣，子房茸毛较多，花柱 3 裂，雌雄蕊等高，花萼 5 片。果实为三角形，果实直径 2.46 cm，果皮厚 0.11 cm，种子椭圆形或半球形，种径 1.19 cm，种皮为棕色，百粒重 139 g。

[**特　　性**] 春梢萌发期较早，2016 年和 2017 年在福安社口镇观测，一芽一叶初展期分别出现于 4 月 6 日和 4 月 10 日；一芽二叶初展期分别出现于 4 月 9 日和 4 月 15 日。春梢一芽三叶长 9.2 ± 1.25 cm、一芽三叶重 0.48 ± 0.09 g。在福安社口取样，平均春茶一芽二叶含水浸出物 50.8%、氨基酸总量 4.3%、茶多酚总量 21.9%、儿茶素总量 16.1%、EGCG 6.8%、咖啡碱 4.1%。育芽力强，持嫩性强，产量较高。适制红茶、绿茶。制红茶香气高扬、持久，滋味浓醇。在福安制绿茶干茶色乌黑、显毫，茶汤紫色稍暗，有花香带青味，滋味较醇爽，叶底紫绿稍暗。耐寒、耐旱、抗病虫能力较强，扦插繁殖能力强。

[**适栽地区**] 云南省、福建福安及相似气候茶区，亦可作为观光茶园用种。

[**栽培要点**] 宜选择土层深厚地块，采用双行条栽种植，按时定型修剪，摘顶养蓬。

SSR指纹图谱

引物	TM212	TM222	TM272	TM237	TM202	TM172	TM242	TM187	TM122	TM057
条带	010	010100	100	001100	010000	010	0100010	010	0	000100

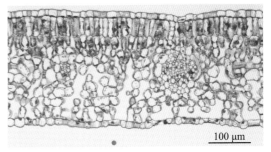

紫嫣

无性系，灌木型，晚生种，二倍体。

[品种来源] 发现于四川省沐川县，由四川农业大学、四川一枝春茶业公司选育而成的高花青素品种，2017年通过品种权授权（授权号：CNA20120455.2）。2018年获农业农村部品种登记通过〔编号：GPD茶树（2018）510007〕。

[特　　征] 植株中等，树姿半开张，分枝中等。叶片呈稍上斜状着生，芽梢紫色，芽叶茸毛中等。叶形椭圆形，叶色深绿，叶面微隆起，叶身稍内折，叶缘微波，叶尖钝尖，叶齿锐度中、密度密、深度浅，叶质中，叶基近圆形。栅栏组织3层，叶片总厚度229.68±4.52 μm，上表皮厚度14.52±0.99 μm，栅栏组织厚度61.65±3.63 μm，海绵组织厚度139.08±12.12 μm，栅/海值0.443，下表皮厚度11.31±1.42 μm。在福安社口调查，始花期通常在10月上旬，盛花期10月下旬，花量多，结实率较高。花冠直径2.9 cm，花瓣7～8瓣，子房茸毛中等，花柱3～5裂，雌蕊高于雄蕊，花萼5片。果实为肾形，果实直径1.62 cm，果皮厚0.087 cm，种子球形，种径1.21 cm，种皮为棕色，百粒重90 g。

[特　　性] 春梢萌发期较迟，2016年和2017年在福安社口镇观测，一芽一叶初展期分别出现于4月10日和4月14日；一芽二叶初展期分别出现于4月15日和4月18日。春梢一芽三叶长8.16±1.80 cm、重0.52±0.19 g。在福安社口取样，平均春茶一芽二叶含水浸出物47.4%、氨基酸总量5.2%（其中茶氨酸1.4%）、茶多酚总量15.9%、儿茶素总量8.8%、EGCG 11.4%、咖啡碱3.3%。制绿茶干茶黑中带墨，带特殊的花香，口感醇厚爽口。

[适栽地区] 四川省沐川县、福建福安及相似气候类型茶区，亦可作为观光茶园用种。

[栽培要点] 宜选择土层深厚地块，采用双行条栽种植，增加种植密度，按时定型修剪，摘顶养蓬。

SSR指纹图谱

引物	TM212	TM222	TM272	TM237	TM202	TM172	TM242	TM187	TM122	TM057
条带	011	010001	100	000101	101000	001	1100000	010	1	010000

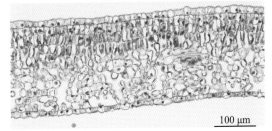

100 μm

红　妃

无性系，小乔木型，中叶类，中生种，二倍体。

[**品种来源**]　由广东省农业科学院茶叶研究所从云南大叶有性群体自然变异单株中经系统
　　　　　　选育而成。

[**特　　征**]　植株中等，树姿半开张，分枝中较密。叶片呈上斜状着生，新梢芽叶紫红
　　　　　　色、茸毛密，叶形窄椭圆形，叶脉 10 对，叶色深绿，叶面微隆起，叶缘微
　　　　　　波，叶齿锐度强、密度密、深度深，叶身稍内折，叶质厚软，芽叶叶柄花色
　　　　　　苷，叶尖渐尖，叶基近圆形。栅栏组织 1 层，叶片总厚度 299.26 ± 10.34 μm，
　　　　　　上表皮厚度 18.98 ± 2.34 μm，栅栏组织厚度 56.12 ± 0.43 μm，海绵组织皮厚度
　　　　　　209.22 ± 12.23 μm，栅 / 海值 0.268，下表皮厚度 13.13 ± 0.82 μm。在福安社
　　　　　　口调查，始花期通常在 11 月下旬，盛花期 12 月中旬，花量中等，结实率低。
　　　　　　花冠直径 2.9 cm，花瓣 5～6 瓣，子房茸毛少，花柱 3 裂，雌蕊低于雄蕊，
　　　　　　花萼 5 片。果实为球形，果实直径 1.6 cm，果皮厚 0.08 cm，种子球形，种
　　　　　　径 1.25 cm，种皮为棕色，百粒重 80 g。

[**特　　性**]　春梢萌发期中等偏迟。2015 年和 2016 年在福建福安社口镇观测，一芽一叶初
　　　　　　展期分别出现于 4 月 8 日和 4 月 10 日；一芽二叶初展期分别出现于 4 月 11 日
　　　　　　和 4 月 16 日。春梢一芽三叶长 7.57 ± 1.23 cm、春梢一芽三叶重 0.62 ± 0.13 g。
　　　　　　在福安社口取样，平均春茶一芽二叶含水浸出物 41.2%、氨基酸 2.9%、茶多酚
　　　　　　17.8%、儿茶素总量 15.6%、EGCG 8.1%、咖啡碱 4.2%。芽叶生育力中等，持嫩
　　　　　　性较强，产量中等。适制绿茶，干茶色泽尚乌润，汤色浅紫红、明亮，香气高
　　　　　　爽、有特殊香，滋味醇爽、厚，叶底紫绿。耐寒性能较弱，耐高温干旱性能较
　　　　　　强，适应性较强。扦插繁殖力强。

[**适栽地区**]　广东英德、福建福安及相似气候类型茶区，亦可作为观光茶园用种。

[**栽培要点**]　宜选择土层深厚地块，采用双行条栽种植，适时定型修剪。

SSR指纹图谱

引物	TM212	TM222	TM272	TM237	TM202	TM172	TM242	TM187	TM122	TM057
条带	010	000010	110	000100	001000	000	0010001	010	1	000010

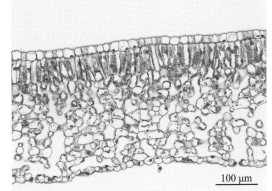

— 其他特异种质 —

红芽佛手

别名雪梨、香橼种。无性系，灌木型，大叶类，中生种。因其树型及叶形态略似佛手柑而得名。由于芽叶色泽不同，有红芽佛手和绿芽佛手之分，主栽品种为红芽佛手。

[品种来源] 原产于福建安溪虎邱镇金榜骑虎岩。1985年通过福建省农作物品种审定委员会审定（编号：闽认茶1985014）。

[特　　征] 植株中等，树姿开张，分枝部位较高，分枝较稀，枝条粗壮。芽叶绿带紫红色、肥壮、茸毛较少，叶片呈下垂或水平状着生，叶形卵圆形，叶脉8对，叶色绿，富光泽，叶面强隆起，叶身扭曲或背卷，叶缘强波，叶齿锐度中、密度稀、深度中，叶质厚软，叶尖钝尖，叶基近圆形。栅栏组织2层，叶片总厚度324.71±2.11 μm，上表皮厚度24.12±1.31 μm，栅栏组织厚度100.33±4.39 μm，海绵组织厚度180.66±3.62 μm，栅/海值0.555，下表皮厚度12.25±0.05 μm。在福安社口调查，始花期通常在9月中旬，盛花期10月上旬，花量少，花柄粗短，结实率极低。花冠直径4.5 cm，花瓣8瓣，子房茸毛中等，花柱3裂，雌蕊低于雄蕊，花萼5片。果实为球形，果实直径2.9 cm，果皮厚0.096 cm，种子球形，种径1.78 cm，种皮为浅棕色，百粒重100.5 g。

[特　　性] 春季萌发期中偏迟，2015年和2016年在福建福安社口观测，一芽二叶初展期分别出现于3月25日和4月3日。春梢一芽三叶长8.65±0.82 cm、重0.83±0.14 g。在福安社口取样，春茶一芽二叶平均含水浸出物49.0%、茶多酚16.2%、氨基酸3.1%、咖啡碱3.1%。芽叶生育力较强，发芽较稀，持嫩性强，产量较高，适制乌龙茶、红茶。制乌龙茶，香气清高悠长，似雪梨或香橼香，滋味浓醇甘鲜；制红茶，香高味醇。耐旱性、耐寒性能较强，对小绿叶蝉的抗性中等偏强、对茶橙瘿螨的抗性强。扦插繁殖力较强。

[适栽地区] 福建安溪、福安及相似气候类型茶区，亦可作为观光茶园用种。

[栽培要点] 选用纯壮苗木，适当密植，增加定型修剪次数1～2次。乌龙茶宜"小至中开面"分批采摘。

SSR指纹图谱

引物	TM212	TM222	TM272	TM237	TM202	TM172	TM242	TM187	TM122	TM057
条带	000	010100	100	000110	000100	000	1000100	100	0	000100

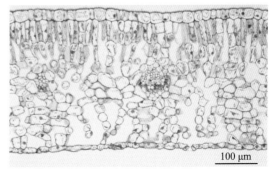

绿芽佛手

别名雪梨、香橼种。无性系，灌木型，大叶类，中生种，二倍体。因其树型及叶形态略似佛手柑而得名。由于嫩芽叶色泽不同，分有红芽佛手和绿芽佛手两种，主栽品种为红芽佛手。

[品种来源] 原产于安溪虎邱镇金榜骑虎岩。1985 年通过福建省农作物品种审定委员会审定（编号：闽认茶 1985014）。

[特　　征] 植株中等，树姿半开张（比红芽佛手稍直立），分枝部位较高，分枝较稀，枝条粗壮。芽叶淡绿色、肥壮、茸毛较少，叶片呈下垂或水平状着生，叶形卵圆形，叶脉 9 对，叶色黄绿，富光泽，叶面强隆起，叶身扭曲或背卷，叶缘强波，叶齿锐度钝、密度稀、深度浅，叶质厚软，叶尖钝尖，叶基近圆形。栅栏组织 2 层，叶片总厚度 346.26 ± 11.08 μm，上表皮厚度 22.13 ± 0.55 μm，栅栏组织厚度 90.11 ± 3.79 μm，海绵组织皮厚度 219.59 ± 13.78 μm，栅 / 海值 0.41，下表皮厚度 110.27 ± 1.15 μm。在福安社口调查，始花期通常在 9 月中旬，盛花期 10 月上旬，花量少，结实率极低。花冠直径 4.0 cm，花瓣 8 瓣，子房茸毛中等，花柱 3 裂，雌蕊低于雄蕊，花萼 5～6 片。果实为球形，果实直径 2.9 cm，果皮厚 0.096 cm，种子球形，种径 1.78 cm，种皮为浅棕色，百粒重 100.5 g。

[特　　性] 春季萌发期中偏迟，2015 年和 2016 年在福建福安社口观测，一芽二叶初展期分别出现于 3 月 25 日和 4 月 3 日。春梢一芽三叶长 7.84 ± 1.81 cm、重 0.98 ± 0.29 g。在福建福安社口取样，平均春茶一芽二叶含水浸出物 49.2%、氨基酸总量 3.8%、茶多酚总量 21.1%、儿茶素总量 8.8%、咖啡碱 3.2%。芽叶生育力较强，发芽较稀，持嫩性强，产量较高，适制乌龙茶、红茶。制乌龙茶，香气清高，似雪梨或香橼香，滋味浓醇甘爽；制红茶，香高味醇。耐旱性、耐寒性能较强，对小绿叶蝉的抗性中等偏强、对茶橙瘿螨的抗性强。扦插繁殖力较强。

[适栽地区] 福建安溪、福安及相似气候类型茶区，亦可作为观光茶园用种。

[栽培要点] 选用纯壮苗木，适当密植，增加定型修剪次数 1～2 次。乌龙茶宜"小至中开面"分批采摘。

SSR指纹图谱

引物	TM212	TM222	TM272	TM237	TM202	TM172	TM242	TM187	TM122	TM057
条带	010	010100	100	000010	100000	010	0010000	110	1	001100

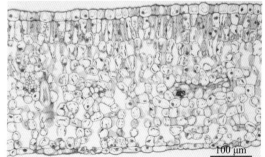

奇　曲

无性系，灌木型，中叶类，中生种，二倍体。

[品种来源] 1958年发现于福建省农业科学院茶叶所2号山（福安社口），为自然变异体。以其嫩茎弯曲自如，奇特多姿而命名。据说1937年武夷山也有发现"奇曲"茶，在湖南涟源也发现"S"形的曲茎变种——涟源奇曲。

[特　征] 植株中等，树姿半开张，分枝中等，嫩茎和枝干呈"S"形，叶片呈水平状着生。芽叶淡绿色、茸毛较少，节间长，较纤细。叶形椭圆形，叶色绿，叶面微隆起，叶缘波，叶身平，叶齿锐度较锐、密度密、深度中，叶质较厚脆，叶尖钝尖，叶基楔形。栅栏组织2层，叶片总厚度238.43±8.74 μm，上表皮厚度19.71±0.76 μm，栅栏组织厚度73.03±5.47 μm，海绵组织厚度127.11±13.02 μm，栅/海值0.574，下表皮厚度13.22±0.30 μm。在福安社口调查，始花期通常在10月中旬，盛花期11月上旬，花量较多，结实率中等。花冠直径3.8 cm，花瓣6～8瓣，子房茸毛多，花柱3裂，雌蕊高于雄蕊，花萼5片。

[特　性] 春梢萌发期中等，2015年和2016年在福安社口观测，一芽一叶初展期分别出现于4月1日和4月7日；一芽二叶初展期分别出现于4月5日和4月11日。春梢一芽三叶长6.49±1.24 cm、一芽三叶百芽重25.0±9.0 g。一芽三叶百芽重24.4 g。在福安社口取样，平均春茶一芽二叶含水浸出物54.7%、氨基酸总量6.5%（其中茶氨酸1.97%）、茶多酚总量17.4%、儿茶素总量12.7%、EGCG 9.9%、咖啡碱3.0%。持嫩性中等，产量较低，适制绿茶。制绿茶干茶色泽翠绿、少毫，汤色嫩绿、亮，嫩香带花香，滋味浓鲜醇。耐旱性与耐寒性强，适应性强。扦插繁殖力强。

[适栽地区] 福建福安及相似气候类型茶区，亦可作为观光茶园、园林、庭院观赏用种。

[栽培要点] 栽培需增加种植密度，及时定剪，增施有机肥，培养丰产树冠。作园林景观用，可丛栽、盆栽，并进行整枝、造型。

SSR指纹图谱

引物	TM212	TM222	TM272	TM237	TM202	TM172	TM242	TM187	TM122	TM057
条带	000	000000	000	000000	000010	010	0010000	000	0	000100

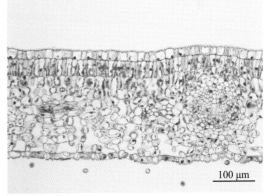

筿 绮

无性系，灌木状，中叶类，中生种，二倍体。

[品种来源] 原产于安溪县城关，为自然变异体。据传，筿绮系由建瓯肖氏传入安溪，距今已有上百年的历史。筿绮种具有常态型与突变型两种。

[特　　征] 植株中等，树姿半开张，分枝较密，节间长常有长短不一或两节合一等变态枝节。正常叶片近水平状着生，常有对生、轮生等。叶形常见有椭圆形、卵圆形、扇形、畸形等。叶片稍平展，叶脉 10 ～ 12 对。叶片有单叶双主脉、单柄双叶、单柄三叶或多叶等。叶色深绿或绿，叶面隆起，有光泽，叶缘微波状，叶身平，叶齿锐度中、密度密、深度浅，叶质厚软，叶尖渐尖或钝尖，叶基近圆形。芽叶黄绿，茸毛少，常有双芽、三芽与多芽型以及双叶、三叶型等突变，亦有分叉的双芽或多芽体，有轮生状的 2 叶或 3 叶同生一节。栅栏组织 3 层，叶片总厚度 313.26 ± 3.76 μm，上表皮厚度 18.46 ± 0.10 μm，栅栏组织厚度 104.24 ± 1.52 μm，海绵组织厚度 169.91 ± 3.73 μm，栅/海值 0.613，下表皮厚度 11.71 ± 0.54 μm。在福安社口调查，始花期通常在 10 月上旬，盛花期 11 月上旬，花量较多，结实率较高。花冠直径 3.7 cm，花瓣通常 7 ～ 9 瓣、但变态花的花瓣多达 13 瓣，子房茸毛多，雄蕊特多；花柱 3 ～ 5 裂，雌比雄高、低、等高均有，花萼 5 片。果实及种子的外形以及子叶形状、胚位等，亦有许多畸变现象。果实为三角形，果实直径 2.21 cm，果皮厚 0.11 cm，种子球形，种径 1.17 cm，种皮为棕色，百粒重 72 g。

[特　　性] 春梢萌发期中等偏迟，2016 年和 2017 年在福安社口镇观测，一芽一叶初展期分别出现于 4 月 11 日和 4 月 16 日；一芽二叶初展期分别出现于 4 月 16 日和 4 月 24 日。春梢一芽三叶长 8.42 ± 0.95 cm、重 0.50 ± 0.12 g。在福安社口取样，平均春茶一芽二叶含水浸出物 41.5%、氨基酸总量 5.1%（其中茶氨酸 1.3%）、茶多酚总量 16.3%、儿茶素总量 8.8%、EGCG 10.5%、咖啡碱 3.2%。芽叶生育力较强，发芽密度中等，持嫩性较强，产量中等，制绿茶、乌龙茶品质一般。耐寒性能强，耐高温干旱性能较强。扦插繁殖力较强。

[适栽地区] 福建安溪、福安及相似气候类型茶区，亦可作为观光茶园用种。

[栽培要点] 宜选择土层深厚地块，双行条栽种植，适时定型修剪。

SSR指纹图谱

引物	TM212	TM222	TM272	TM237	TM202	TM172	TM242	TM187	TM122	TM057
条带	110	010100	110	001010	001100	000	0100100	010	1	001100

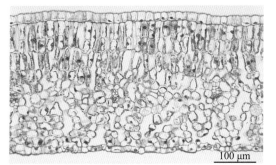

雀　舌

无性系，灌木型，小叶类，特晚生种，二倍体。

[品种来源] 原产武夷山九龙窠，20 世纪 80 年代初从大红袍第一株母株有性后代选育
　　　　　而成。

[特　　征] 植株中等，树姿较直立，分枝较密。叶片呈稍上斜状着生，芽叶紫绿色、芽
　　　　　毫中等。叶形披针形，叶色深绿，叶面隆起，叶身内折，叶缘波，叶齿锐度
　　　　　锐、密度密、深度深，叶脉 8 对，叶质厚脆，叶尖渐尖，叶基近圆形。栅栏
　　　　　组织 2 层，叶片总厚度 261.24 ± 2.52 μm，上表皮厚度 18.20 ± 0.70 μm，栅栏
　　　　　组织厚度 83.41 ± 5.75 μm，海绵组织厚度 141.12 ± 8.74 μm，栅 / 海值 0.591，
　　　　　下表皮厚度 15.02 ± 1.54 μm。在福安社口调查，始花期通常在 9 月下旬，盛
　　　　　花期 10 月下旬，花量多，结实率较高。花冠直径 2.8 cm，花瓣 6 瓣，子房
　　　　　茸毛多，花柱 3 裂，雌蕊高于雄蕊，花萼 5 片。果实为三角形，果实直径
　　　　　1.87 cm，果皮厚 0.097 cm，种子球形，种径 1.29 cm，种皮为棕色，百粒重
　　　　　108 g。

[特　　性] 春梢萌发期特迟，2016 年和 2017 年在福建福安社口镇观测，一芽一叶初展
　　　　　期分别出现于 4 月 25 日和 4 月 28 日；一芽二叶初展期分别出现于 4 月 27
　　　　　日和 5 月 1 日。春梢一芽三叶长 6.37 ± 1.49 cm、重 0.30 ± 0.07 g。在福建福
　　　　　安社口取样，平均春茶一芽二叶含水浸出物 47.3%、氨基酸 5.9%、茶多酚
　　　　　19.0%、儿茶素总量 10.6%、EGCG 6.1%、咖啡碱 4.3%。产量中等，适制乌
　　　　　龙茶。制乌龙茶香气馥郁、持久，滋味醇厚甘甜。耐寒性能强，耐高温干旱
　　　　　性能较强，适应性较强。扦插繁殖力强。

[适栽地区] 福建武夷山、福安及相似气候类型茶区。

[栽培要点] 选择土层深厚、肥沃，地下水位低且排灌方便的园地种植；缩小行间距，适
　　　　　度密植。

SSR指纹图谱

引物	TM212	TM222	TM272	TM237	TM202	TM172	TM242	TM187	TM122	TM057
条带	010	010100	100	000000	000000	010	0010100	110	0	001010

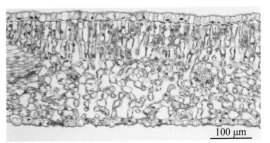

金 凤 凰

无性系，灌木型，中叶类，中偏晚生种，二倍体。

[品种来源]　来源于武夷山，从凤凰水仙杂交后代中单株筛选育成。

[特　　征]　植株较高大，树姿半开张，分枝中等。叶片呈稍上斜状或水平状着生，芽梢黄绿色、少毫、节间长，叶形卵圆形，叶片厚，叶色黄绿，富光泽，叶面微隆起，叶身平，叶缘微波，叶尖圆尖，叶齿锐度中、密度中、深度浅，叶基近圆形，叶质厚脆，叶脉 7 对。栅栏组织 3 层，叶片总厚度 402.91 ± 8.24 μm，上表皮厚度 30.24 ± 0.84 μm，栅栏组织厚度 142.74 ± 0.76 μm，海绵组织厚度 206.83 ± 13.48 μm，栅 / 海值 0.690，下表皮厚度 19.53 ± 0.64 μm。在福安社口调查，始花期通常在 10 月上旬，盛花期 10 月中旬，花量中等，结实率中等。花冠直径 4.0 cm，花瓣 8 ～ 9 瓣，子房茸毛密，花柱 3 裂，雌雄蕊等高，花萼 6 ～ 7 片。果实为球形，果实直径 1.69 cm，果皮厚 0.085 cm，种子球形，种径 1.33 cm，种皮为棕色，百粒重 95.7 g。

[特　　性]　春梢萌发期中偏迟，2016 年和 2017 年在福安社口镇观测，一芽一叶初展期分别出现于 4 月 8 日和 4 月 10 日；一芽二叶初展期分别出现于 4 月 11 日和 4 月 14 日。芽叶生育力中等，持嫩性较强。春梢一芽三叶长 7.02 ± 0.82 cm、重 0.52 ± 0.07 g。在福安社口取样，平均春茶一芽二叶含水浸出物 46.7%、氨基酸 5.7%、茶多酚 16.3%、儿茶素总量 11.7%、EGCG 8.0%、咖啡碱 3.3%。适制乌龙茶。制乌龙茶花香显、较持久，滋味醇厚、香，耐冲泡。耐寒性强，耐旱性较强，适应性强。扦插繁殖力较强。

[适栽地区]　福建武夷山、福安及相似气候类型茶区，亦可作为观光茶园用种。

[栽培要点]　宜选择土层深厚地块，采用双行条栽种植，按时定型修剪。

SSR指纹图谱

引物	TM212	TM222	TM272	TM237	TM202	TM172	TM242	TM187	TM122	TM057
条带	010	010100	110	000101	000110	010	1000000	010	1	000110

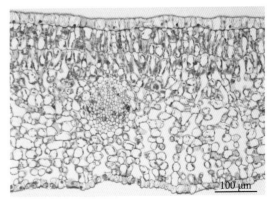

上杭观音

无性系，灌木型，中叶类，晚生种，二倍体。

[品种来源] 原产于上杭县原"南山公社前进大队"（今南阳镇联山村一带）。

[特　　征] 植株较高大，树姿半开张，分枝密度中等，枝条较粗壮。叶片呈稍上斜状着生，芽梢黄绿、毫毛极少、茸毛短而疏。叶片椭圆形，叶色绿，富光泽，叶面隆起，叶身稍内折，叶缘平，叶齿锐度中、密度密、深度中等，叶脉 8 对，叶质硬，叶尖钝尖，叶基近圆形。栅栏组织 2 层，叶片总厚度 294.55 ± 1.42 μm，上表皮厚度 28.73 ± 1.47 μm，栅栏组织厚度 111.93 ± 5.83 μm，海绵组织厚度 134.26 ± 8.02 μm，栅/海值 0.834，下表皮厚度 14.35 ± 1.66 μm。在福安社口调查，始花期通常在 11 月上旬，盛花期 11 月下旬，花量多，结实率中等。花冠直径 3.0 cm，花瓣 7～8 瓣，子房茸毛多，花柱 3 裂，雌蕊高于雄蕊，花萼 5 片。果实为肾形，果实直径 1.85 cm，果皮厚 0.12 cm，种子球形，种径 1.33 cm，种皮为棕色，百粒重 132 g。

[特　　性] 春梢萌发期迟，2016 年和 2017 年在福安社口观测，一芽一叶初展期分别出现于 4 月 16 日和 4 月 18 日；一芽二叶初展期分别出现于 4 月 20 日和 4 月 24 日。春梢一芽三叶长 7.28 ± 1.25 cm、重 0.65 ± 0.10 g。在福安社口取样，平均春茶一芽二叶含水浸出物 53.2%、氨基酸 6.2%、茶多酚 20.3%、儿茶素总量 17.2%、EGCG 9.3%、咖啡碱 3.8%。发芽密度中等，产量中等，适制乌龙茶、红茶。制乌龙茶花香尚显，滋味较醇厚；制红茶花甜香，滋味较醇爽。耐寒性能强，耐高温干旱性能较强。扦插繁殖力强。

[适栽地区] 福建上杭、福安及相似气候类型茶区。

[栽培要点] 宜选择土层深厚地块，采用双行条栽种植，适时定型修剪。

SSR指纹图谱

引物	TM212	TM222	TM272	TM237	TM202	TM172	TM242	TM187	TM122	TM057
条带	011	010100	100	001100	000000	000	0100100	010	1	000101

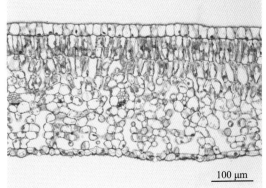

保靖黄金茶1号

无性系，灌木型，中叶类，早生种，二倍体。

[**品种来源**] 由湖南省农业科学院茶叶研究所、湖南省保靖县农业局从保靖黄金茶群体种中采用单株育种法育成。2010年通过湖南省农作物品种审定委员会审定（编号：XPD005-2010），2019年通过农业农村部非主要农作物品种登记〔编号：GPD茶树（2019）330022〕。

[**特　　征**] 树姿半开张。叶片呈半上斜状着生，长椭圆形，叶面隆起，叶身稍内折，叶尖渐尖，叶齿浅，叶质厚脆，叶脉12对。栅栏组织2层，叶片总厚度270.47±5.41 μm，上表皮厚度18.20±1.82 μm，栅栏组织厚度87.37±2.42 μm，海绵组织厚度142.22±1.83 μm，栅/海值0.614，下表皮厚度13.96±0.82 μm。在福安社口调查，始花期通常在10月中旬，盛花期11月上旬，花量多，结实率较高。花冠直径2.3 cm，花瓣5～6瓣，子房茸毛多，花柱3裂，雌蕊略高于雄蕊，花萼5片。果实为肾形，果实直径1.94 cm，果皮厚0.14 cm，种子球形，种径1.27 cm，种皮为棕色，百粒重140 g。

[**特　　性**] 春季萌发早，芽叶生育力强，发芽密度高，茸毛中等，持嫩性强，产量高。一芽一叶初展期分别出现于3月26日和3月28日；一芽二叶初展期分别出现于3月29日和4月1日。春梢一芽三叶长5.51±0.94 cm、重0.29±0.08 g。在福安社口取样，平均春茶一芽二叶含水浸出物45.5%、氨基酸5.8%、茶多酚14.6%、儿茶素总量8.8%、EGCG 8.5%、咖啡碱3.7%。适制绿茶、红茶。制绿茶，色泽翠绿，汤色黄绿明亮，香气高长，回味鲜醇；制红茶，乌黑油润显金毫，滋味醇和甘爽，香气高长。耐寒性能较强，耐高温干旱性能较强。扦插繁殖力强。

[**适栽地区**] 湖南茶区及福建福安气候类型相似茶区。

[**栽培要点**] 宜选择土壤湿度较高、土层深厚肥沃的地块种植。宜采用单行双株1.4 m×0.4 m或双行双株1.5 m×0.4 m×0.4 m种植。

SSR指纹图谱

引物	TM212	TM222	TM272	TM237	TM202	TM172	TM242	TM187	TM122	TM057
条带	000	000000	000	000000	001000	000	1010000	000	1	000001

大 叶 龙

无性系，灌木型，特大叶类，特晚生种。

[品种来源] 江西省九江市修水茶叶科学研究所从宁州群体品种中育成。

[特　　征] 植株较高大，树姿开张，分枝稀。叶片呈下垂状着生，芽叶紫绿色，芽叶茸毛少，叶形近圆形，叶脉 9 对，叶色深绿，富光泽，叶面隆起，叶身扭曲或背卷，叶缘微波，叶尖钝尖，叶齿锐度钝、密度稀、深度浅，叶基近圆形，叶质较厚脆软。在福安调查，始花期通常在 10 月下旬，盛花期 11 月中旬，花量少，几乎不结实。花冠直径 3.26 cm，花瓣 7 瓣，子房茸毛多，花柱 3 裂，雌雄蕊等高，花萼 5 片。栅栏组织 3 层，叶片总厚度 243.12 ± 4.25 μm，上表皮厚度 18.00 ± 1.66 μm，栅栏组织厚度 71.40 ± 1.88 μm，海绵组织皮厚度 134.77 ± 3.76 μm，栅/海值 0.53，下表皮厚度 12.24 ± 1.41 μm。

[特　　性] 春梢萌发期极迟，2016 年和 2017 年在福建福安社口镇观测，一芽一叶初展期分别出现于 4 月 25 日和 4 月 29 日；一芽二叶初展期分别出现于 4 月 28 日和 5 月 3 日。春梢一芽三叶长 8.34 ± 2.12 cm、重 1.24 ± 0.38 g。在福建福安社口取样，平均春茶一芽二叶含水浸出物 54.7%、氨基酸 3.8%、茶多酚 23.8%、儿茶素总量 18.7%、EGCG 11.3%、咖啡碱 3.7%。芽梢密度稀，持嫩性较强，产量较低，适制白茶。制白茶，清香带微甜香，滋味清醇回甘；制烘青绿茶，外形肥壮色暗，稍有花香，滋味浓爽微苦，叶底色绿带靛蓝叶。抗寒性较强，抗旱性较弱，适应性较强。扦插繁殖力较强。

[适栽地区] 福建福安及相似气候类型茶区，亦可作为观光茶园用种。

[栽培要点] 宜选择土层深厚地块，采用单行条栽种植，按时定型修剪，摘顶养蓬。

SSR指纹图谱

引物	TM212	TM222	TM272	TM237	TM202	TM172	TM242	TM187	TM122	TM057
条带	000	000000	000	000000	001001	010	1000000	000	0	000000

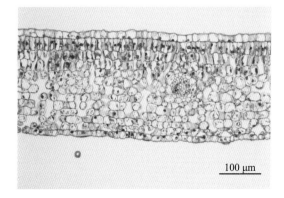

100 μm

特小叶种

无性系，灌木型，特小叶类，晚生种，二倍体。

[品种来源] 引种于广东英德。

[特　　征] 植株较瘦小，树姿半开展，分枝密度中等，叶片呈上斜状着生。芽叶浅绿色，芽梢较瘦小，茸毛中等，节间极短。叶片披针形，叶色浅绿色，叶面平，叶身稍内折，叶缘平，叶齿锐度中、密度密、深度中等，叶脉4～5对，叶质较硬，叶尖渐尖，叶基近圆形。栅栏组织3层，叶片总厚度 299.52 ± 5.51 μm，上表皮厚度 22.39 ± 2.09 μm，栅栏组织厚度 88.08 ± 1.36 μm，海绵组织厚度 172.36 ± 3.91 μm，栅/海值 0.511，下表皮厚度 12.35 ± 2.02 μm。在福安社口调查，始花期通常在 11 月下旬，盛花期 1 月上旬，花量多，结实率高。花冠直径 1.73 cm，花瓣 6 瓣，子房茸毛少，花柱 3 裂，雌蕊高于雄蕊，花萼 5 片。果实为肾形，果实直径 2.03 cm，果皮厚 0.125 cm，种子多为球形，种径 1.26 cm，种皮为棕色，百粒重 92 g。

[特　　性] 春梢萌发期迟，2016 年和 2017 年在福安社口镇观测，一芽一叶初展期分别出现于 4 月 10 日和 4 月 13 日；一芽二叶初展期分别出现于 4 月 14 日和 4 月 16 日。春梢一芽三叶长 2.54 ± 0.30 cm、重 0.11 ± 0.04 g。在福安社口取样，平均春茶一芽二叶含水浸出物 43.5%、氨基酸总量 4.8%（其中茶氨酸 1.2%）、茶多酚总量 12.0%、儿茶素总量 8.8%、EGCG 7.0%、咖啡碱 2.3%。发芽密度中等，生长较缓慢，产量较低，适制绿茶。制绿茶，香气清高，味浓或甘爽清香。耐寒性能强，耐高温干旱性能强，适应性强。扦插繁殖力强。

[适栽地区] 广东、福建福安及相似气候类型茶区，亦可作为观光茶园用种。

[栽培要点] 宜选择土层深厚地块，增施有机肥；采用双行条栽种植，增加种植密度；适时定型修剪。

SSR指纹图谱

引物	TM212	TM222	TM272	TM237	TM202	TM172	TM242	TM187	TM122	TM057
条带	100	010110	101	000110	100100	000	0100000	010	0	010001

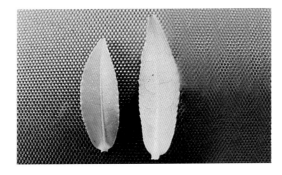

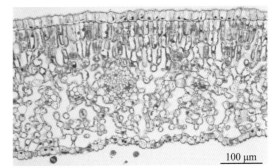

清心 1 号

无性系，灌木型，中叶类，晚生种，二倍体。

[品种来源] 广东省农业科学院茶叶研究所选育。

[特　征] 植株中等，树姿半开张，分枝较密。叶片呈稍上斜状着生，芽梢浅绿、芽叶茸毛少，持嫩性较强。叶形椭圆形，叶色深绿，叶脉 6 对，叶面微隆起，叶身稍内折，叶缘平，叶齿锐度中、深度浅、密度中，叶质中，叶尖钝尖，叶基近圆形。栅栏组织 3 层，叶片总厚度 299.52 ± 5.51 μm，上表皮厚度 22.39 ± 2.09 μm，栅栏组织厚度 88.08 ± 1.36 μm，海绵组织厚度 172.36 ± 3.91 μm，栅／海值 0.511，下表皮厚度 12.35 ± 2.02 μm。在福安社口调查，始花期通常在 10 月上旬，盛花期 10 月中旬，花量多，结实率中。花冠直径 3.15 cm，花瓣 7 瓣，子房茸毛多，花柱 3 裂，雌雄蕊等高，花萼 5 片。果实为三角形，果实直径 1.75 cm，果皮厚 0.13 cm，种子球形，种径 1.41 cm，种皮为棕色，百粒重 70 g。

[特　性] 春梢萌发期较晚，2016 年和 2017 年在福建福安社口镇观测，一芽一叶初展期分别出现于 4 月 1 日和 4 月 9 日；一芽二叶初展期分别出现于 4 月 5 日和 4 月 11 日。春梢一芽三叶长 7.13 ± 0.50 cm、重 0.42 ± 0.07 g。福安社口取样，平均春茶一芽二叶含水浸出物 54.9%、氨基酸 5.6%、茶多酚 20.3%、儿茶素总量 16.8%、EGCG 10.0%、咖啡碱 3.2%。产量较高，适制绿茶。制绿茶翠绿隐毫，汤色黄绿明亮，清香较显，滋味鲜醇、稍带花香，叶底黄亮。耐寒性能强，耐高温干旱性能较强，适应性较强。扦插繁殖力强。

[适栽地区] 广东英德、福建福安及相似气候类型茶区。

[栽培要点] 宜选择土层深厚园地种植；采用双行条栽种植，适当密植；按时定型修剪。

SSR指纹图谱

引物	TM212	TM222	TM272	TM237	TM202	TM172	TM242	TM187	TM122	TM057
条带	000	000000	000	000000	000000	110	1010000	000	1	010100

涟源奇曲

无性系，灌木型，中叶类，中生种，二倍体。

[品种来源] 由湖南省涟源县茶叶示范场从当地群体种中选育，为自然变异体。

[特　征] 植株较矮，树姿开张，新梢和枝干弯曲成"S"形，叶片呈水平或下垂状着生。芽叶黄绿色、茸毛少。叶形长椭圆形，叶脉 8 对，叶色绿，叶身内折，叶面微隆起，叶缘微波，叶齿锐度钝、密度密、深度浅，叶质中等，叶尖渐尖，叶基楔形。栅栏组织 2 层，叶片总厚度 260.78 ± 4.44 μm，上表皮厚度 19.16 ± 0.81 μm，栅栏组织厚度 69.81 ± 3.14 μm，海绵组织皮厚度 153.63 ± 0.82 μm，栅/海的比值 0.454，下表皮厚度 11.39 ± 0.86 μm。在福安社口调查，花冠直径 3.8 cm，花瓣 7 瓣，子房有茸毛，花柱 3 裂。果实为肾形，果实直径 2.09 cm，果皮厚 0.115 cm，种子球形，种径 1.42 cm，种皮为棕色，百粒重 136 g。

[特　性] 春梢萌发期中等，2 年在福安社口镇观测，一芽一叶初展期分别出现于 3 月 26 日和 4 月 3 日；一芽二叶初展期分别出现于 4 月 3 日和 4 月 7 日。春梢一芽三叶长 6.63 ± 0.77 cm、一芽三叶百芽重 51.0 ± 14.0 g。在福安社口取样，平均春茶一芽二叶含水浸出物 48.6%、氨基酸总量 4.6%（其中茶氨酸 1.1%）、茶多酚总量 17.7%、儿茶素总量 10.8%、EGCG 8.7%、咖啡碱 3.8%。芽叶生育力中等，持嫩性较强，产量较低，适制绿茶。制绿茶干茶色泽乌绿翠，汤色嫩绿、亮，有花香，味醇爽。耐寒性、耐旱性中等，适应性较强。扦插繁殖力强。

[适栽地区] 湖南及福建福安气候类型相似茶区，亦可作为庭院盆栽、观光茶园用种。

[栽培要点] 适宜双行双株种植，定型修剪 2～3 次。

SSR指纹图谱

引物	TM212	TM222	TM272	TM237	TM202	TM172	TM242	TM187	TM122	TM057
条带	011	010100	100	000100	001100	010	1000000	010	1	010001

第五章

调查汇总表

一、特异茶树品种春季第一批一芽一、二叶主要生化成分（表5-1）

表5-1　特异茶树品种春季第一批一芽一、二叶主要生化成分　　（单位：%）

序号	种 质	水浸出物	游离氨基酸	茶多酚	咖啡碱	儿茶素总量	EGCG	备注
1	韩冠茶	40.2	4.3	20.1	3.4	8.4	5.2	
2	闽冠茶	44.7	4.7	17.9	3.3	11.1	6.4	
3	皇冠茶	42.4	5.0	17.0	3.8	12.8	6.7	
4	茗苑茶	42.7	4.9	20.5	3.9	9.9	6.1	
5	0309B	46.2	3.9	21.9	3.3	13.1	8.1	
6	茗冠茶	39.1	5.2	18.5	3.9	11.2	5.7	
7	福白0309D	46.9	4.4	20.6	3.5	13.6	7.9	福建省农科院茶叶所选育黄化种质
8	福白0317C	52.6	5.0	22.5	3.1	13.2	7.8	
9	茗丽茶	45.6	5.4	21.4	3.5	12.6	7.0	
10	玉冠茶	44.9	5.1	19.6	3.3	11.9	5.9	
11	桂冠茶	44.3	5.3	18.2	3.2	10.9	6.0	
12	乐冠茶	41.4	3.9	20.6	3.5	11.0	6.9	
13	0317M	48.5	4.5	17.0	3.0	8.8	11.0	
14	泽冠茶	35.9	4.9	16.0	3.4	10.9	5.7	
15	芝冠茶	47.8	5.3	19.3	3.3	13.8	7.1	
16	白鸡冠	51.9	3.7	23.6	3.5	17.2	11.4	福建省农科院茶叶所保存省内外特异种质
17	白叶1号	51.0	4.1	19.5	3.0	16.9	8.5	
18	黄金芽	44.2	5.6	11.7	3.4	5.6	2.6	
19	千年雪	49.0	4.5	11.2	2.5	8.8	6.9	

续表

序号	种质	水浸出物	游离氨基酸	茶多酚	咖啡碱	儿茶素总量	EGCG	备注
20	中黄1号	49.9	7.2	9.9	2.6	8.8	5.4	
21	中黄2号	42.6	7.6	11.4	2.7	8.8	6.8	
22	安吉黄茶	49.1	7.8	13.5	2.8	8.8	7.0	
23	景白2号	45.2	6.4	14.5	2.9	8.8	7.7	
24	黄金袍	44.4	5.2	14.5	3.0	8.8	5.8	
25	紫娟	50.8	4.3	21.9	4.1	16.1	6.8	
26	紫嫣	47.4	5.2	15.9	3.3	8.8	11.4	
27	红妃	41.2	2.9	17.8	4.2	15.6	8.1	
28	红芽佛手	49.0	3.1	16.2	3.1	—	—	福建省农科院茶叶所保存省内外特异种质
29	绿芽佛手	49.2	3.8	21.1	3.2	8.8	15.5	
30	奇曲	54.7	6.5	17.4	3.0	12.7	9.9	
31	箐绮	41.5	5.1	16.3	3.2	16.3	10.5	
32	雀舌	47.3	5.9	10.6	4.3	10.6	6.1	
33	金凤凰	53.2	6.2	20.3	3.8	17.2	9.3	
34	上杭观音	53.2	6.2	20.3	3.8	17.2	9.3	
35	保靖黄金茶1号	47.4	8.2	13.2	3.1	8.8	8.5	
36	大叶龙	54.7	3.8	23.8	3.7	18.7	11.3	
37	特小叶种	43.5	4.8	12.0	2.3	8.8	7.0	
38	清心1号	54.9	5.6	16.8	3.2	16.8	10.0	
39	涟源奇曲	48.6	4.6	17.7	3.8	10.8	8.7	

注：由中国测试技术研究院、湖南农业大学等检测。

二、特异茶树种质亲缘关系分析及 SSR 分子指纹图谱构建

1. 特异茶树种质亲缘关系分析

福建省农业科学院茶叶所选育及保存的 39 个茶树特异种质编号见表 5-2，SSR 分子标记聚类见图 5-1（因部分原始数据缺失，用本图代替）。

表5-2 福建省农业科学院茶叶所选育及保存的39个茶树特异种质编号

序号	种质名称	序号	种质名称	序号	种质名称
1	韩冠茶	14	泽冠茶	27	红妃
2	闽冠茶	15	芝冠茶	28	红芽佛手
3	皇冠茶	16	白鸡冠	29	绿芽佛手
4	茗苑茶	17	白叶 1 号	30	奇曲
5	0309B	18	黄金芽	31	筥绮
6	茗冠茶	19	千年雪	32	雀舌
7	福白 0309D	20	中黄 1 号	33	金凤凰
8	福白 0317C	21	中黄 2 号	34	上杭观音
9	茗丽茶	22	安吉黄茶	35	保靖黄金茶 1 号
10	玉冠茶	23	景白 2 号	36	大叶龙
11	桂冠茶	24	黄金袍	37	特小叶种
12	乐冠茶	25	紫娟	38	清心 1 号
13	0317M	26	紫嫣	39	涟源奇曲

基于茶树特异种质进行 SSR 电泳检测结果进行聚类分析（图 5-1），结果表明，在相似系数 0.82 处，相关特异种质可以分为 13 类，按遗传距离远近可以分为 a 类群：韩冠茶；b 类群：福白 0317C、闽冠茶、白鸡冠、泽冠茶、福白 0309D、皇冠茶、0309B、乐冠茶、茗冠茶、茗苑茶、桂冠茶、茗丽茶、玉冠茶、0317M、大叶龙、芝冠茶、奇曲、清心 1 号、安吉白茶、安吉黄茶、黄金袍、黄金茶、中黄 1 号；c 类群：丹凤；d 类群：绿芽佛手、金凤凰、雀舌；e 类群：黄金芽；f 类群：红芽佛手、筥绮；g 类群：上杭观音、千年雪；h 类群：景白 2 号；i 类群：紫娟；j 类群：紫嫣、涟源奇曲；l 类群：特小叶种；m 类群：中黄 2 号。

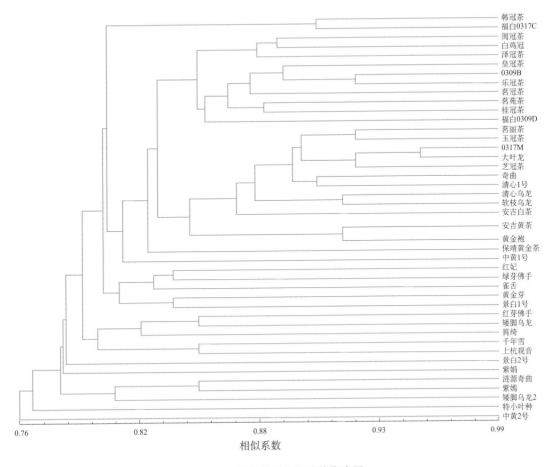

图5-1　STR分子标记遗传聚类图

根据聚类分析图（图 5-1）可以直观地看出特异茶树种质的遗传多样性，进一步分析表明，种质间的遗传距离及遗传多样性与种质的亲本来源、品种来源地、形态特征等因素有很强的相关性。

遗传距离最近的为韩冠茶、福白 0317C、闽冠茶、白鸡冠、泽冠茶、福白 0309D、皇冠茶、0309B、乐冠茶、茗冠茶、茗苑茶、桂冠茶、茗丽茶、玉冠茶、0317M，这与它们的亲本来源有关联性，以上黄化新品系种质的母本均为白鸡冠。品种来源地接近也在遗传距离上有直接的体现。安吉白茶、安吉黄茶、中黄 1 号和黄金芽以及千年雪与景白 2 号等均来自浙江省，其有较高的相似系数。除此之外，绿芽佛手和红芽佛手、紫娟和紫嫣，形态特征有相似之处，所以也呈现出较高的相似系数。

2. 特异茶树种质 SSR 分子指纹图谱构建

SSR 分子标记引物信息见表 5-3，福建省农业科学院茶叶所选育及保存的 39 个特异茶树种质 SSR 指纹图谱见表 5-4。

表5-3　SSR分子标记引物信息（马建强，2013）

引物代号	重复序列	正向序列	反向序列	退火（℃）	目标片段大小（bp）
TM057	（CTT）9	CTCGCTCCAACTCATCACAA	TGAAGGCCAGGAGAAAGAAA	58	244
TM122	（GA）9	AATCATCAACGCTTGAAAGT	GAATGTTGTGGCGGTTCCTC	58	158
TM172	（TTTTC）3	ATGTGCGTGACACCAAA	TTCCACTCCAGCCCTTTC	56	238
TM187	（TTG）5	GAAATGAACAATAACAAGC	AGGAAACCGATGATTAGG	54	137
TM202	（TA）9	AATGGATACAGAAACAG	GCAAGTCAGTGTAAAGT	56	104
TM212	（TC）9	GAAGCAGTCACAAGAGGC	CCATCCCAAATACCAAG	56	245
TM222	（TGTTA）5	CTCAGAAATCTGGGACA	TTTGGTAACAGGGCTAT	48	144
TM237	（GATGAG）3	TTGGGAAACAAGAGTGA	TCTGGGACGAGGATAAT	52	234
TM242	（AACCCT）3	TGGAACCACTTTCGCCTG	TGAGCTCCCAACCATGAC	58	107
TM272	（CTC）	TTATCTCCAGCGTCTCC	ATCTCAACCACGGTAAGC	50	228

表5-4　39个特异茶树种质SSR指纹图谱

种质	引物									
	TM212	TM222	TM272	TM237	TM202	TM172	TM242	TM187	TM122	TM057
韩冠茶	010	010100	011	000010	000101	010	1000000	010	0	001100
闺冠茶	011	010000	101	000000	001001	010	0100000	010	1	000100
皇冠茶	010	000010	001	000100	001000	001	0010000	001	1	100100
茗苑茶	000	010100	101	000000	000000	010	0100000	000	1	000100
0309B	010	100000	010	000001	001000	010	0000100	010	0	000100

续表

种质	TM212	TM222	TM272	TM237	TM202	TM172	TM242	TM187	TM122	TM057
茗冠茶	100	000001	001	001000	101000	010	0100000	010	1	000100
福白0309D	010	010000	100	001100	000000	010	0000010	010	1	001100
福白0317C	010	010000	011	000110	000101	010	0010000	010	0	001100
茗丽茶	010	000010	001	000100	001000	001	0010000	001	1	100100
玉冠茶	001	000010	001	000010	001000	000	1000000	000	1	100100
桂冠茶	000	010010	011	001000	010000	010	0010000	010	0	000100
乐冠茶	010	010000	001	000010	000001	010	0100000	010	0	000100
0317M	001	000010	001	000100	010000	001	0010000	001	0	000010
泽冠茶	010	010100	101	000000	001001	010	0000100	010	1	000110
芝冠茶	001	000010	000	000000	001001	010	1000000	001	1	000010
安吉白茶	000	000000	100	000000	001000	000	0100100	000	1	010000
安吉黄茶	001	011000	010	000110	000000	010	1010000	010	1	000001
白鸡冠	010	010100	101	000110	001000	010	0100000	010	1	000100
保靖黄金茶1号	000	000000	000	000000	001000	000	1010000	000	1	000001
大叶龙	000	000000	000	000000	001001	010	1000000	000	0	000000
红妃	010	000010	110	000100	001000	000	0010001	010	1	000010
红芽佛手	000	010100	100	000110	000100	000	1000100	100	0	000100

引物

续表

种质	引物									
	TM212	TM222	TM272	TM237	TM202	TM172	TM242	TM187	TM122	TM057
绿芽佛手	010	010100	100	000010	100000	010	0010000	110	1	001100
黄金袍	001	011000	010	000110	000000	010	1010000	010	1	000001
黄金芽	010	010100	100	000110	001000	010	0100000	010	1	001001
金凤凰	010	010100	110	000101	000110	010	1000000	010	1	000110
景白2号	010	010110	110	000010	011000	010	0100000	010	1	001100
涟源奇曲	011	010100	100	000100	001100	010	1000000	010	1	010001
奇曲	000	000000	000	000000	000010	010	0010000	000	0	000100
千年雪	011	011010	100	000110	000000	000	0100100	010	1	010010
清心1号	000	000000	000	000000	000000	110	1010000	000	1	010100
雀舌	010	010100	100	000000	000000	010	0010100	110	0	001010
上杭观音	011	010100	100	001100	000000	000	0100100	010	1	000101
筍筠	110	010100	110	001010	001100	000	0100100	010	1	001100
特小叶	100	010110	101	000110	100100	000	0100000	010	0	010001
中黄1号	000	000000	000	000000	001001	010	0100000	010	0	000110
中黄2号	011	011000	010	000110	000000	010	1100000	110	1	010010
紫娟	010	010100	100	001100	010000	010	0100010	010	0	000100
紫嫣	011	010001	100	000101	101000	001	1100000	010	1	010000

参考文献

包云秀，夏丽飞，李友勇，等，2008. 茶树新品种'紫娟'［J］. 园艺学报（6）：934.

曹冰冰，王秋霜，秦丹丹，等，2020. 红紫芽茶花青素合成关键酶活性与重要酚类物质相关性研究［J］. 茶叶科学，40（6）：724-738.

陈好，陆建良，郑新强，等，2010. 新世纪中国茶树育种和良种繁育研究进展［J］. 茶叶，36（1）：6-9.

陈华玲，黎小萍，彭火辉，等，2013. 适宜园林化利用的茶树品种性状调查［J］. 中国茶叶（8）：14-15.

陈周一琪，武涛. 特色茶树品种在生态观光茶园景观设计中的应用［J］. 作物杂志，2012（2）：105-108，160.

成浩，李素芳，沈星荣，1999. 茶树中的类黄酮物质及其生物合成途径［J］. 中国茶叶（1）：6-8.

谷记平，赵淑娟，2014. 功能型（特种茶）茶产品的开发和研究现状［J］. 中国茶叶，36（11）：10-13.

郭雅敏，1997. 安吉白茶的性状与发展前景［J］. 茶叶（4）：23-24.

韩文炎，沈朝东，2005. 茶树在园林中的应用［J］. 中国茶叶，27（3）：46-47.

韩震，王开荣，邓隆，等，2013. 白化茶树新品系：黄金斑［J］. 茶叶，39（3）：125-126.

郝国双，郑志平，马海军，等，2019. 白化茶树新品系：中白4号［J］. 中国茶叶，41（3）：11-13.

姜艳艳，石杨，周国兰，等，2022. 紫化茶树新品系紫魁的光合特性及叶色特征［J］. 贵州农业科学，50（9）：75-82.

蒋会兵，孙云南，李梅，等，2018. 紫娟茶树叶片不同发育期花青素积累及合成相关基因的表达［J］. 茶叶科学，38（2）：174-182.

李明，张龙杰，石萌，等，2016. 遮光对光照敏感型新梢白化茶春梢化学成分含量的影响［J］. 茶叶，42（3）：150-4.

李强，项建，郑国杨，等，2020. 我国叶色特异茶树品种选育推广与产业化发展探析［J］. 中国茶叶，42（9）：52-7.

李素芳，陈明，虞富莲，等，1999. 茶树阶段性返白现象的研究：RuBP羧化酶与蛋白酶的变化［J］. 中国农业科学（3）：35-40.

李素芳，陈树尧，成浩，1995. 茶树阶段性返白现象的研究：叶绿体超微结构的变化［J］. 茶叶科学（1）：23-26.

林馨颖，王鹏杰，刘仕章，等，2020. 茶树黄化种：黄叶肉桂的类胡萝卜素组分分析［J］. 茶叶学报，61（3）：120-126.

林智，2003. 从茶叶抗病毒的研究：谈茶氨酸的生产与应用前景［J］. 中国茶叶（3）：4-5.

刘丁丁，梅菊芬，王君雅，等，2020. 茶树白化突变研究进展［J］. 中国茶叶，44（4）：24-35.

卢翠，沈程文，2016. 茶树白化变异研究进展［J］. 茶叶科学，36（5）：445-451.

陆建良，梁月荣，倪雪华，等，1999. 安吉白茶阶段性返白过程中的生理生化变化［J］. 浙江农业大学学报（3）：245-247.

马春雷，姚明哲，王新超，等，2015. 茶树叶绿素合成相关基因克隆及在白叶1号不同白化阶段的表达分析［J］. 作物学报，41（2）：240-250.

马建强，2013. 茶树高密度遗传图谱构建及重要性状 QTL 定位［D］. 杭州：中国农业科学院茶叶研究所.

马立锋，陈晓辉，王涛，等，2020. 特异茶树品种（白化品系、黄化品系）高效施肥模式［J］. 中国茶叶，42（1）：45-46.

时鸿迪，2020. 不同加工工艺'紫娟'茶的品质比较和代谢组学研究［D］. 昆明：云南大学.

田丽丽，王长君，宋鲁彬，等，2013. 特异茶树品种在园林中的应用［J］. 安徽农业科学，41（17）：7594-7595.

王开荣，李明，梁月荣，等，2008a. 黄色茶树新品种黄金芽选育研究［J］. 中国茶叶，30（4）：21-23.

王开荣，李明，张龙杰，等，2015. 白化茶种质资源分类研究［J］. 茶叶，41（3）：126-129.

王开荣，梁月荣，张龙杰，等，2008b. 白化茶种质资源的分类及特性［J］. 中国茶叶（8）：9-11.

王开荣，林伟平，方乾勇，等，2007. 白茶新品种"千年雪"选育研究报告［J］. 中国茶叶（2）：24-26.

王丽鸳，赵容波，成浩，等，2020. 叶色特异茶树品种选育现状［J］. 中国茶叶，42（1）：15-19.

王蔚，郭雅玲，2017. 白化茶品种的开发与应用［J］. 食品安全质量检测学报，8（8）：3104-3110.

王新超，王璐，郝心愿，等，2019. 中国茶树遗传育种40年［J］. 中国茶叶，41（5）：1-6.

韦康，王丽鸳，王新超，等，2017. 黄茶"中黄2号"的亚细胞结构透射电镜观察［J］. 食品与生物技术学报，36（12）：1246-1250.

吴华玲，乔小燕，李家贤，等，2011. "红紫芽"茶树新品系的生物学特性研究［J］. 热带作物学报，32（6）：1009-1015.

徐歆，吴正奇，陈小强，等，2017. 紫化茶的化学成分及功能活性研究进展［J］. 食品工业科技，38（21）：302-306.

杨纯婧，谭礼强，杨昌银，等，2020. 高花青素紫芽茶树新品种紫嫣［J］. 中国茶叶，42（9）：8-11.

杨兴荣，包云秀，黄玫，2009. 云南稀有茶树品种"紫娟"的植物学特性和品质特征［J］. 茶叶，35（1）：17-18.

杨兴荣，矣兵，李友勇，等，2015. 紫芽茶树种质资源主要生化成分差异性分析［J］. 山东农业科学，47（12）：14-9.

杨亚军，梁月荣，2014. 中国无性系茶树品种志［M］. 上海：上海科学技术出版社.

游小妹，钟秋生，林郑和，等，2018. 18个紫芽新品系芽叶特性及生化成分分析［J］. 茶叶学报，59（1）：43-6.

张琛，韩兆岚，房婉萍，等，2021. 茶树叶色变异研究进展［J/OL］. 分子植物育种. https://kns. cnki. net/kcms/detail/46. 1068. S. 20210705. 1045. 006. html.

张晨禹，王铭涵，高羲之，等，2019. 茶树'湘妃翠'黄化枝光合生理与组织学［J］. 分子植物育种，17（23）：7892-7900.

张向娜，熊立瑰，温贝贝，等，2020. 茶树叶色变异研究进展［J］. 植物生理学报，56（4）：643-653.

《中国茶树品种志》编写委员会，2001. 中国茶树品种志［M］. 上海：上海科学技术出版社.

周天山，王新超，余有本，等，2016. 紫芽茶树类黄酮生物合成关键酶基因表达与总儿茶素、花青素含量相关性分析［J］. 作物学报，42（4）：525-531.

邹振浩，李鑫，张丽平，等，2022. 紫色芽叶茶树研究进展［J］. 中国茶叶，44（1）：22-26.

CAO H, WANG F, LIN H, et al., 2020. Transcriptome and metabolite analyses provide insights into zigzag-shaped stem formation in tea plants (*Camellia sinensis*)［J］. BMC Plant Biology, 20：98.

DU Y Y, CHEN H, ZHONG W L, et al., 2008. Effect of temperature on accumulation of chlorophylls and leaf ultrastructure of low temperature induced albino tea plant［J］. African Journal of Biotechnology, 7（12）.

FENG L, GAO M J, HOU R Y, et al., 2014. Determination of quality constituents in the young leaves of albino tea cultivars［J］. Food Chemistry, 155：98-104.

FERNANDES I, FARIA A, CALHAU C, et al., 2014. Bioavailability of anthocyanins and derivatives［J］. Journal of Functional Foods, 7：54-66.

LI N, YANG Y, YE J, et al., 2016. Effects of sunlight on gene expression and chemical composition of light-sensitive albino tea plant [J]. Plant growth regulation, 78 (2): 253-262.

LIU G F, HAN Z X, FENG L, et al., 2017. Metabolic Flux Redirection and Transcriptomic Reprogramming in the Albino Tea Cultivar 'Yu-Jin-Xiang' with an Emphasis on Catechin Production [J]. Scientific Reports, 7.

LU M, HAN J, ZHU B, et al., 2019. Significantly increased amino acid accumulation in a novel albino branch of the tea plant (*Camellia sinensis*) [J]. Planta, 249 (2): 363-376.

LV H P, DAI W D, TAN J F, et al., 2015. Identification of the anthocyanins from the purple leaf coloured tea cultivar Zijuan (*Camellia sinensis* var. assamica) and characterization of their antioxidant activities [J]. Journal of Functional Foods, 17: 449-58.

SHEN J Z, ZOU Z W, ZHANG X Z, et al., 2018. Metabolic analyses reveal different mechanisms of leaf color change in two purple-leaf tea plant (*Camellia sinensis* L.) cultivars [J]. Hortic. Res., 5 (1): 387-401.

SONG L, MA Q, ZOU Z, et al., 2017. Molecular link between leaf coloration and gene expression of flavonoid and carotenoid biosynthesis in *Camellia sinensis* cultivar 'Huangjinya' [J]. Frontiers in plant science, 8: 803.

WANG L, PAN D, LIANG M, et al., 2017. Regulation of anthocyanin biosynthesis in purple leaves of Zijuan tea (*Camellia sinensis* var. kitamura) [J]. International Journal of Molecular Sciences, 18 (4): 833.

WEISS D, 2010. Regulation of flower pigmentation and growth: multiple signaling pathways control anthocyanin synthesis in expanding petals [J]. Physiologia Plantarum, 110 (2): 152-157.

XU P, SU H, JIN R, et al., 2020. Shading Effects on Leaf Color Conversion and Biosynthesis of the Major Secondary Metabolites in the Albino Tea Cultivar "Yujinxiang" [J]. J Agric Food Chem., 68 (8): 2528-2538.

XU Y X, SHEN C J, MA J Q, et al., 2017. Quantitative Succinyl-Proteome Profiling of *Camellia sinensis* cv. 'Anji Baicha' During Periodic Albinism [J]. Sci Rep, 7 (1): 1873.

YANG Y, CHEN X, XU B, et al., 2015. Phenotype and transcriptome analysis reveals chloroplast development and pigment biosynthesis together influenced the leaf color formation in mutants of Anthurium andraeanum 'Sonate' [J]. Front Plant Sci., 6: 139.

YUAN L, XIONG L G, DENG T T, et al., 2015. Comparative profiling of gene expression in *Camellia sinensis* L. cultivar AnJiBaiCha leaves during periodic albinism [J]. Gene, 561

（1）：23-29.

ZHANG Q, LIU M, RUAN J, 2017. Integrated Transcriptome and Metabolic Analyses Reveals Novel Insights into Free Amino Acid Metabolism in Huangjinya Tea Cultivar［J］. Front Plant Sci., 8：291.

ZHOU Q Q, CHEN Z D, LEE J, et al., 2017. Proteomic analysis of tea plants（Camellia sinensis）with purple young shoots during leaf development［J］. PLoS ONE，12（5）.

ZHOU Q Q, SUN W J, LAI Z X, 2016. Differential expression of genes in purple-shoot tea tender leaves and mature leaves during leaf growth［J］. J. Sci. Food Agric., 96（6）：1982-1989.

附 录

ICS 65.020.20
B 04

中华人民共和国农业行业标准

NY/T 1312—2007

农作物种质资源鉴定技术规程 茶树

**Technical Code for Evaluating Crop Germplasm
Tea Plant (*Camellia sinensis*)**

2007-04-17 发布   2007-07-01 实施

中华人民共和国农业部 发布

前　言

本标准中附录 A 为规范性附录。

本标准由中华人民共和国农业部提出并归口。

本标准起草单位：中国农业科学院茶叶研究所、云南省农业科学院茶叶研究所、中国农业科学院农业质量标准与检测技术研究所。

本标准主要起草人：陈亮、虞富莲、杨亚军、姚明哲、王新超、赵丽萍、王平盛、许玫、钱永忠。

农作物种质资源鉴定技术规程　茶树

1　范围

本标准规定了茶树［*Camellia sinensis*（L.）O.Kuntze］及其他山茶属（*Genus Camellia*）茶组植物（Section *Thea*）种质资源鉴定的技术要求和方法。

本标准适用于茶树［*Camellia sinensis*（L.）O.Kuntze］及其他山茶属（*Genus Camellia*）茶组植物（Section *Thea*）种质资源的植物学特征、生物学特性、品质性状和抗逆性的鉴定。

2　规范性引用文件

下列文件中的条款通过本标准的引用而成为本标准的条款。凡是注日期的引用文件，其随后所有的修改单（不包括勘误的内容）或修订版均不适用于本标准，然而，鼓励根据本标准达成协议的各方研究是否可使用这些标准的最新版本。凡是不注明日期的引用文件，其最新版本适用于本标准。

GB/T 8305 茶　水浸出物测定

GB/T 8312 茶　咖啡碱测定

GB/T 8313 茶　茶多酚测定

GB/T 8314 茶　氨基酸测定

NY/T 787　茶叶感官审评通用方法

ISO 14502-2：2005 Determination of substances characteristic of green and black tea—Part 2: Content of catechins in green tea—Method using high-performance liquid chromatography 绿茶和红茶中特征性成分的测定　第2部分：高效液相色谱法测定绿茶中的儿茶素

3　术语和定义

下列术语和定义适用于本标准。

3.1

适制茶类　processing suitability
最适合制作的某种茶类。

3.2

酚氨比　ratio of polyphenols/amino acids

同一份资源或同批样品中茶多酚与氨基酸百分含量的比值。

3.3　开面采　banjhi-plucking

用新梢对夹一叶与对夹二叶的叶面积之比，比例大于等于 2/3 称"大开面"，小于等于 1/3 为"小开面"，介于两者间为"中开面"。

3.4　盛花期　Stage of full blooming

半数花蕾达到自然开放的时期，以"月旬"表示。

4　技术要求

4.1　样本采集

应在茶树成龄后及正常生长情况下采集样本。无性系的取样株数为 5 株，有性系的取样株数为 10 株；除另有规定外，各种数据均为一次性采集。

4.2　鉴定内容

鉴定内容见表 1。

表1　茶树种质资源鉴定内容

性状		鉴定项目
植物学特征和生物学特性	树体	树型、树姿
	芽叶	发芽密度、一芽一叶期、一芽二叶期、芽叶颜色、芽叶茸毛、一芽三叶长、一芽三叶百芽重
	叶片	叶片着生状态、叶长、叶宽、叶片大小、叶形、侧脉对数、叶色、叶面隆起性、叶身形态、叶片质地、叶齿锐度、叶齿密度、叶齿深度、叶基、叶尖、叶缘形态
	花	盛花期、萼片数、萼片颜色、萼片茸毛、花冠直径、花瓣颜色、花瓣质地、花瓣数、子房茸毛、花柱长度、柱头开裂数、花柱裂位、雌雄蕊相对高度
	果实	果实形状、果实大小、果皮厚度
	种子	种子形状、种径大小、种皮颜色、百粒重
品质性状	适制性	适制茶类、兼制茶类、品质得分、香气分、香气特征、滋味分、滋味特征
	品质化学成分	水浸出物、咖啡碱、茶多酚、氨基酸、酚/氨比、儿茶素总量、表没食子儿茶素(EGC)、(+)儿茶素(+C)、表儿茶素(EC)、表没食子儿茶素没食子酸酯(EGCG)、表儿茶素没食子酸酯(ECG)
抗逆性		耐寒性

5　鉴定方法

5.1　植物学特征和生物学特性

5.1.1　树体

5.1.1.1　树型

观察 5 龄以上茶树自然生长情况，根据植株主干和分枝情况确定树型。树型分为灌木型（从颈部分枝，无主干）、小乔木型（基部主干明显，中上部不明显）乔木型（从下部到中上部有明显主干）。

5.1.1.2　树姿

测量灌木型茶树外轮骨干枝与地面垂直线（乔木和小乔木型茶树测量一级分枝与地面垂直线的分枝角度）的夹角，每株测 2 个，依据夹角的平均值或按图 1 确定树姿。树姿分为直立（分枝角度≤30°）、半开张（30°＜分枝角度≤50°）开张（分枝角度＞50°）。

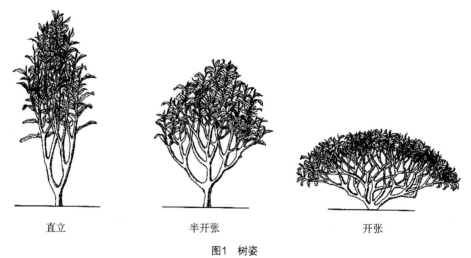

| 直立 | 半开张 | 开张 |

图1　树姿

5.1.2　芽叶

在春季，观测未开采过或上年深修剪茶树，确定芽叶性状。

5.1.2.1　发芽密度

春茶鱼叶期观察计数 33 cm×33 cm 蓬面内已萌发第一轮越冬芽数。有性繁殖种质重复 5 次，无性繁殖种质重复 3 次，结果以平均值表示。按表 2 确定发芽密度。

表2　发芽密度分级表

发芽密度	灌木和小乔木	乔木
稀	＜80个	＜40个
中	80～120个	40～80个
密	＞120个	＞80个

用已完成 3 次定型修剪并已打顶养蓬 1 年，蓬面宽度在 60 cm 以上的植株作为样本，观测的样本上年秋季和当年春季蓬面不作修剪；记录可见范围内的已萌发芽个数（蓬面中下部目光未能达及的芽不计）。

5.1.2.2 一芽一叶期

春季固定观察不修剪茶树每株越冬顶芽或修剪茶树剪口下第一越冬芽 2 个，鱼叶期后每隔 1 d 观察一次，记录三分之一越冬芽达到一芽一叶的时间。连续观察 2 年，表示方法为"月日"、平均日期及其变幅。

5.1.2.3 一芽二叶期

春季固定观察不修剪茶树每株越冬顶芽或修剪茶树剪口下第一越冬芽 2 个，一芽一叶期后每隔 1 d 观察一次，记录三分之一越冬芽达到一芽二叶的时间。连续观察 2 年，表示方法为"月日"、平均日期及其变幅。

5.1.2.4 芽叶颜色

春梢第一轮一芽二叶占茶树全部新梢的半数时，在每株茶树上从鱼叶处随机采摘一芽二叶 2 个，观察芽叶颜色。按最大相似原则确定芽叶颜色，分为玉白色、黄绿色、绿色、紫绿色。

5.1.2.5 芽叶茸毛

用 5.1.2.4 的样本，观察芽叶茸毛，芽叶茸毛分无、少、中、多、特多。以龙井 43 作为"少毛"参照标准，以福鼎大白茶或云抗 10 号作为"多毛"参照标准。

5.1.2.6 一芽三叶百芽重

当春梢第一轮一芽三叶占全部越冬芽半数时取样。从一芽三叶新梢鱼叶处随机采摘一芽三叶 100 个。称量，精确到 0.1 g。采样后 1 h 内称重完毕，芽叶有表面水时不采样。

5.1.2.7 一芽三叶长

从 5.1.2.6 样本中随机取一芽三叶 30 个。测量从基部至芽顶部的长度，结果以平均值表示，精确到 0.1 cm。

5.1.3 叶片

6—7 月或 10—11 月，从未开采过或上年深修剪茶树上每株取当年春梢或夏梢枝干中部成熟叶片 2 片，用于叶片性状观测。

5.1.3.1 叶片着生状态

测量当年生枝干中部成熟叶片与枝干的夹角，每株测量 2 个，依夹角平均值或按图 2 确定叶片着生状态，叶片着生状态分为上斜（夹角 < 45°）、近水平（45° ≤夹角 < 90°）、下垂（夹角 ≥ 90°）。

上斜　　　　　　　近水平　　　　　　　下垂

图2　叶片着生状态

5.1.3.2　叶长

用5.1.3样本，测量叶片基部至叶尖端部的纵向长度，结果以平均值表示，精确到0.1 cm。

5.1.3.3　叶宽

用5.1.3样本，测量叶片横向最宽处，结果以平均值表示，精确到0.1 cm。

5.1.3.4　叶片大小

以叶长、叶宽，以及系数（0.7）的乘积值作为叶面积并按叶面积确定叶片大小，叶片大小分为小叶（叶面积＜20.0 cm²）、中叶（20.0 cm²≤叶面积＜40.0 cm²）、大叶（40.0 cm²≤叶面积＜60.0 cm²）和特大叶（叶面积≥60.0 cm²）。

5.1.3.5　叶形

用5.1.3样本，按叶片长宽比值或按图3确定叶形，叶形分为近圆形（长宽比＜2.0）椭圆形（2.0≤长宽比＜2.5，最宽处近中部）、长椭圆形（2.6≤长宽比＜3.0，最宽处近中部）披针形（长宽比≥3.0，最宽处近中部）。

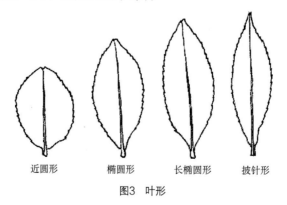

近圆形　　　　椭圆形　　　　长椭圆形　　　披针形

图3　叶形

5.1.3.6　侧脉对数

用5.1.3样本，计数主脉两侧相对应的侧脉数，结果以平均数表示，精确到整位数。

5.1.3.7　叶色

用5.1.3样本，观察叶片正面的颜色。按最大相似原则确定叶色，叶色分黄绿色、中绿色、深绿色。

5.1.3.8 叶面隆起性

用 5.1.3 样本，观察叶片正面的隆起状况。分别以福建水仙或长叶白毫，政和大白茶或云梅作为"平"和"隆起"的参照标准，确定叶面隆起度。叶面分为平、微隆起、隆起。

5.1.3.9 叶身形态

用 5.1.3 样本，观察主脉两侧叶片的夹角状态。按最大相似原则确定叶身，叶身形态分为平、内折、背卷。

5.1.3.10 叶片质地

用 5.1.3 样本，以双人比对方式，用手触摸确定叶片质地，叶片质地分为柔软、中、硬。

5.1.3.11 叶齿锐度

用 5.1.3 样本，观察叶缘中部锯齿的锐利程度，叶齿锐度分为锐、中、钝。

5.1.3.12 叶齿密度

用 5.1.3 样本，测量叶缘中部锯齿的密度，叶齿密度分为稀（密度＜ 2.5 个 /cm）、中（ 2.5 个 /cm ≤密度＜ 4 个 /cm ）、密（密度＞ 4 个 /cm ）。

5.1.3.13 叶齿深度

用 5.1.3 样本，观察叶缘中部锯齿的深度，叶齿深度分为浅、中、深。

5.1.3.14 叶基

用 5.1.3 样本，观察叶片基部的形态，叶基分为楔形、近圆形。

5.1.3.15 叶尖

用5.1.3 样本，观察叶片端部的形态。按图4确定叶尖形态，叶尖分为渐尖、钝尖、圆尖。

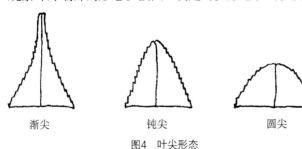

渐尖　　　　　　　钝尖　　　　　　　圆尖

图4 叶尖形态

5.1.3.16 叶缘形态

以双人比对方式，观察确定叶片边缘的形态，叶缘分为平、微波、波。

5.1.4 花

在盛花期，随机取发育正常、花瓣已完全展开的花朵 10 朵并用于花性状观测。

5.1.4.1 盛花期

于 10—11 月观察 6 ～ 15 年生自然生长茶树，每株随机观察 10 朵花蕾，记录盛花期。

5.1.4.2 萼片数

观察 5.1.4 中典型花 10 朵，计数萼片数，结果以平均数表示，精确到整位数。

5.1.4.3 萼片颜色

观察 5.1.4 中典型花萼片的外部颜色，萼片颜色分为绿色、紫红色。

5.1.4.4 萼片茸毛

观察 5.1.4 中典型花萼片外部茸毛状况，以"无""有"表示。

5.1.4.5 花冠大小

取 5.1.4 中典型花，"十"字形测量发育正常花瓣已完全开放时的花冠大小，结果以平均值表示，精确到 0.1 cm。

5.1.4.6 花瓣颜色

观察 5.1.4 中典型花最大一枚花瓣颜色，花瓣颜色分白色、微绿色、淡红色。

5.1.4.7 花瓣质地

以双人触摸比对方式确定 5.1.4 中典型花中最大一枚花瓣的质地，花瓣质地分为薄、中、厚。

5.1.4.8 花瓣数

用 5.1.4 中典型花样本，计数每朵花的花瓣数，单位为枚，结果以平均值和变异范围表示，精确到整位数。对外轮与萼片连生的花瓣形态介于两者之间者一并计入花瓣数。

5.1.4.9 子房茸毛

观察 5.1.4 中典型花子房茸毛状况，以"无""有"表示。

5.1.4.10 花柱长度

用 5.1.4 中典型花样本，测量花柱基部至顶端的长度，结果以平均值表示，精确到 0.1 cm。

5.1.4.11 花柱开裂数

观察 5.1.4 中典型花柱头的开裂数，花柱开裂数分为 1 裂、2 裂、3 裂、4 裂、5 裂、5 裂以上。

5.1.4.12 柱头裂位

观察 5.1.4 中典型花花柱开裂部位，柱头裂位分为浅裂（分裂部位长度占花柱全长＜1/3）、中等（1/3 ≤分裂部位长度占花柱全长＜2/3）、深裂（2/3 ≤分裂部位长度占花柱全长＜1）、全裂（分裂部位达到花柱基部）。

5.1.4.13 雌雄蕊相对高度

观察 5.1.4 中典型花，比较柱头和雄蕊的相对高度，雌雄蕊相对高度分为雌雄低（柱头低于雄蕊）、等高（柱头与雄蕊高度相等）、高（柱头高于雄蕊）。

5.1.5 果实

5.1.5.1 果实形状

在果实成熟期，随机选取发育正常的典型果实 10 个，观察果实形状，果实形状分为球形、肾形、三角形、四方形、梅花形。

5.1.5.2　果实大小

用 5.1.5.1 的样本，"十"字形测量果径长度，结果以平均值表示，精确到 0.1 cm。

5.1.5.3　果皮厚度

用 5.1.5.1 的样本，采收后在室内阴凉处摊放，待果实自然开裂时测量果皮中部边缘的厚度，结果以平均值表示，精确到 0.1 cm。

5.1.6　种子

5.1.6.1　种子形状

果实采收后在室内阴凉处摊放，待自然开裂时随机选取典型饱满种子 10 粒，按图 5确定种子形状，种子形状分为球形、半球形、锥形、似肾形、不规则形。

球形　　　　半球形　　　　锥形　　　　似肾形　　　　不规则形

图5　种子形状

5.1.6.2　种子大小

用 5.1.6.1 中的样本，"十"字形测量种径长度，结果以平均值表示，精确到 0.1 cm。

5.1.6.3　百粒重

用 5.1.6.1 中的样本，随机选取成熟的典型饱满种子 100 粒，称量，精确到 0.1 g。

5.1.6.4　种皮颜色

观察成熟饱满种子的种皮颜色，种皮颜色分为棕色、棕褐色、褐色。

5.2　品质性状

5.2.1　适制茶类和兼制茶类

审评茶样制样后 10 ～ 30 d 按 NY/T 787 进行感官审评，重复 2 年；年度结果差异大，则第 3 年重复制样、审评。记录香气分、香气特征、滋味分、滋味特征，计算品质总分（精确到 0.1 分），以总分最高的一批次作比较，按表 3 确定茶类适制性和兼制性。

表3　茶类适制性和兼制性分级表

茶类	最适合	适合	较适合	不适合
绿茶（与对照比）	分差≤ 0	0 ＜分差≤ 2.0	2.0 ＜分差≤ 4.0	分差＞ 4.0
红茶（与对照比）	分差≤ 0	0 ＜分差≤ 2.0	2.0 ＜分差≤ 4.0	分差＞ 4.0
乌龙茶（与对照比）	分差≤ 0	0 ＜分差≤ 3.0	3.0 ＜分差≤ 6.0	分差＞ 6.0

5.2.2　水浸出物

按 GB/T 8305 执行。

5.2.3 咖啡碱

按 GB/T 8312 执行。

5.2.4 茶多酚

按 GB/T 8313 执行。

5.2.5 氨基酸

按 GB/T 8314 执行。

5.2.6 酚氨比

计算茶多酚 / 氨基酸的比值，精确到 0.1。

5.2.7 儿茶素总量和组成

按 ISO 14502-2：2005 执行。

5.3 抗逆性

5.3.1 耐寒性

采用田间自然鉴定法：冬季遇冻害时，越冬后，以株（丛）为单位调查 10 株茶树冻害程度，凡中上部叶片 1/3 以上赤枯或青枯即为受冻叶，并按表 4 进行分级。

表4 茶树寒害分级表

级别	0 级	1 级	2 级	3 级	4 级
受冻叶片	≤ 5%	6% ～ 15%	16% ～ 25%	26% ～ 50%	> 50%

按公式（1）计算冻害指数：

$$CI = \frac{\sum n_i \times x_i}{N \times 4} \times 100 \quad\quad （1）$$

式中：

CI——冻害指数；

n_i——各级受冻株数；

x_i——各级冻害级数；

N——调查总株数；

4——最高受害级别。

计算结果表示到整位数，按表 5 确定耐寒性。

表5 茶树耐寒性分级表

耐寒性	强	较强	中	弱
冻害指数	≤ 10	11 ～ 20	21 ～ 50	> 50

田间自然鉴定供试茶树树龄应在 5 ～ 15 年生，入冬前秋梢自然休眠，无嫩芽过冬；重复 2 年。

附 录 A
（规范性附录）
茶叶样品采制方法

A.1 范围

本附录适用于茶树种质资源感官审评和品质化学成分分析样品的采制。

A.2 烘青绿茶感官审评样品采制

A.2.1 原料要求

从春茶第一轮一芽二叶上留鱼叶采摘一芽二叶。以国家审定的绿茶品种福鼎大白茶作的对照。

A.2.2 加工工艺

按以下工艺进行烘青绿茶样品制作：摊放→杀青→揉捻→初烘→复烘→摊凉、包装。

1）鲜叶摊放：厚度 2 cm 左右或 0.5 kg/m²，4 h～12 h。

2）杀青：用电炒锅杀青。投叶量为 100 g～250 g 摊放叶，锅温 150℃～180℃，5 min～6 min。

3）揉捻：用手握住杀青叶在篾垫上旋转搓揉（原料多时亦可用小型揉捻机揉捻10 min～15 min），以芽叶成条索，茶汁稍揉出，粘手为度。

4）初烘：微型烘干机 120℃，时间 10 min～15 min。初烘结束后取出摊凉 30 min～40 min。

5）复烘：微型烘干机 70℃～75℃，茶叶含水量降至 5%～6%。

6）摊凉、包装：待茶叶冷却至常温后包装，放入专用设备储藏。

A.3 红碎茶感官审评样品采制

A.3.1 原料要求

从春茶或者夏茶一芽二叶新梢上留鱼叶采摘一芽二叶。以国家审定的红茶品种英红 1 号或云抗 10 号或黔湄 419 作对照。

A.3.2 加工工艺

按如下工艺流程制作红碎茶样：萎凋→揉切→发酵→初烘→复烘→摊凉、包装。

1）萎凋：鲜叶均匀摊放在萎凋帘或竹筛上，摊叶量约 0.5 kg/m²，室内温度 20℃～25℃，相对湿度 70% 左右，其间要翻叶 2 次～3 次，以使叶层疏松透气，萎凋均匀，时间 6 h～12 h。雨季时，可将叶片薄摊，可鼓风萎凋，并安装排气风扇，适当延长萎凋时间。以叶片由鲜绿转为暗绿，表面光泽消退，芽叶柔软，茎折不断，萎凋叶含水量降到 65% 左右为度。

2）揉切：先将萎凋叶初揉成条，再用小型转子揉切机或粉碎机进行揉切。揉切后筛分进行发酵。

3）发酵：发酵室温 22℃～28℃，相对湿度在 90% 以上。湿度低时，可在地面喷洒清水，茶叶上盖湿布。发酵时间 30 min～60 min，当茶胚青草气消除，透出花果香，呈现橘黄色或初现红色即可。

4）初烘：微型烘干机温度 100℃～110℃，烘至含水量 15%～20% 时，下机摊凉散热，使茶胚内外干湿均匀，冷却至室温后再进行复烘。

5）复烘：温度 80℃～90℃，烘至含水量 5%～6%。

6）摊凉、包装：待茶叶冷却至常温后，放入专用设备储藏。

A.4 乌龙茶感官审评样品采制

A.4.1 原料要求

春茶期间，在晴天上午 10 时至下午 4 时采摘小至中开面的对夹二、三叶和一芽三、四叶嫩梢。以国家审定的乌龙茶品种黄棪为对照。

A.4.2 加工工艺

采用闽南乌龙茶工艺制作，工艺流程为：萎凋→做青→杀青→揉捻→干燥与包揉造形→摊凉、包装。

1）萎凋：包括凉青、晒青、凉青。

A. 凉青：采下的茶青（叶）在室内均匀薄摊于篾筛等器具上，厚度 10 cm～20 cm。

B. 晒青：凉青叶摊放厚度 2 cm～4 cm，放在中度或弱日光下（下午 3 时后）15 min～30 min，时间掌握视阳光强弱而定，其间翻晒 2 次～3 次。茶青减重率视嫩梢肥壮度、含水量及青叶色泽而定，一般在 6%～15%。以手持嫩梢第二叶下垂、叶色转暗、失去光泽为度。

也可采用热风萎凋法：篾筛架在热风萎凋糟上，或茶青直接摊放在热风萎凋槽，厚10 cm 左右。热风温度 35℃～40℃，其间匀翻 2 次～3 次。操作方法与程度同 B. 晒青。

C. 凉青：将晒青叶再重复一次 A. 凉青的操作。

2）做青：包括摇青和凉青，做青历时 12 h 左右。

在温湿度比较稳定、相对密闭的做青间进行，室温控制在 22℃ ±2℃，相对湿度65%～75%。摇青和凉青一般交替进行 4 次～5 次。

A. 摇青：将萎凋叶 0.5 kg 左右置于水筛（篾筛）上，双手持水筛旋转，或用摇青机摇青，使叶片上下翻滚，互相碰撞。第一次摇 1 min～2 min，第二次摇 3 min～4 min，第三次摇 7 min～8 min，第四次摇 8 min～10 min，第五次摇青视做青程度而定，如做青不足，则再摇 5 min～10 min。样品少时亦可用手"做青"：双手手心向上，五指分开，勿贴筛底，轻轻捧叶抖动翻滚，使做青叶互相碰撞摩擦。

B. 凉青：摇青后将做青叶静置摊放在水筛上，第一次摊叶厚 2 cm～3 cm，时间 1 h～2 h，第二次厚 3 cm～5 cm，2 h～2.5 h，第三次厚 10 cm～15 cm，3 h～4 h，第四、五次厚约 15 cm 左右，3 h～4 h。第三到第五次凉青叶摊成凹坑状。

做青程度掌握：叶色转黄绿色，叶尖与叶缘显红色斑点，叶背翻成汤匙状（即"还阳"），青臭气消退，果香、花香显露。

3）杀青：投叶量为做青叶 0.5 kg 左右，锅温 200℃～220℃，3 min～5 min，扬闷结合，扬炒为主。以手握叶片成团，折梗不断为度。

4）揉捻：趁热用手握住杀青叶快速在簸垫上揉捻 20 余下，抖散，再揉捻 20 余下，抖散，以有茶汁揉出为度。

5）干燥与包揉造形：初烘→初包揉→复烘→复包揉→足干。

A. 初烘：微型烘干机热风烘焙或用焙笼烘焙，厚度 2 cm 左右，温度 100℃～110℃，时间 5 min～8 min。

B. 初包揉：将初烘叶放入方巾布中包紧，置揉捻台上快速搓揉，松包解块后再次包揉，以条索紧结成形为度。

C. 复烘：初包揉叶解块 0.5 h 后进行复烘，厚度 2 cm～3 cm，温度 80℃～90℃，时间 5 min～8 min。

D. 复包揉：同初包揉，反复多次。最后一次包揉后定形 1 h 左右再松包解块，至条索紧结成颗粒状为度。

E. 足干：低温慢烘，厚度 5 cm～10 cm，温度 50℃～60℃，时间 3 h～4 h。足干茶叶含水量 5%～6%。

6）摊凉、包装：待茶叶冷至常温后包装，放入避光、干燥、密封专用设备中储藏。

A.5　品质化学成分分析样品采制

A.5.1　原料要求

从春茶第一轮一芽二叶上留鱼叶采摘一芽二叶。有性繁殖资源供鉴定植株要均衡采样。

A.5.2　制样工艺

按以下方法制成品质化学成分分析样 50 g 左右：将水烧沸，鲜叶在蒸屉内蒸 2 min 左右，然后在 90℃烘箱内烘干；或直接将鲜叶放在 120℃的微型烘干机内一次性烘干。

ICS 65.020.20
B 05

中华人民共和国农业行业标准

NY/T 2422—2013

植物新品种特异性、一致性和稳定性测试指南 茶树

Guidelines for the conduct of tests for distinctness,uniformity and stability—Tea

[*Camellia sinensis* (L.)O.Kuntze]

(UPOV:TG/238/1,Guidelines for the conduct of tests for distinctness, uniformity and stability—Tea,NEQ)

2013-09-10 发布   2014-01-01 实施

中华人民共和国农业部 发布

目　次

前　言

本标准按照 GB/T 1.1—2009 给出的规则起草。

本标准与国际植物新品种保护联盟（UPOV）指南"TG/ 238/1，Guidelines for the conduct of tests for distinctness，uniformity and stability-Tea"同步制订。

本标准对应于 UPOV 指南 TG/ 238/1，与 TG/238/1 的一致性程度为非等效。

本标准与 UPOV 指南 TG/238/1 相比主要差异如下：

——调整了"提供的扦插苗"数量到 50 株；

——调整了"分组性状"，增加了"新梢：一芽一叶始期""新梢：一芽二叶期第 2 叶颜色"，删除了"花：花冠直径"；

——调整了"叶片：边缘锯齿"的性状代码值；

——调整了"发酵能力""咖啡因含量"2 个性状列入选测性状；

——增加了花器官性状"仅观测开花品种"，完善了花的解剖图；

——技术问卷格式中增加了"开花特性""始花树龄"。

本标准由农业部科技教育司提出。

本标准由全国植物新品种测试标准化技术委员会（SAC/TC 277）归口。

本标准起草单位：中国农业科学院茶叶研究所、农业部植物新品种测试中心、云南省农业科学院茶叶研究所。

本标准主要起草人：陈亮、吕波、虞富莲、杨亚军、徐岩、堵苑苑、姚明哲、许玫、王新超、赵丽萍。

植物新品种特异性、一致性和稳定性测试指南　茶树

1　范围

本标准规定了茶树新品种特异性、一致性和稳定性测试的技术要求和结果判定的一般原则。

本标准适用于茶树［*Camellia sinensis* (L.) O. Kuntze］植物新品种特异性、一致性和稳定性测试和结果判定，也适用于山茶属茶组［*Camellia* L. Sect. *Thea* (L.)Dyer］其他植物。

2　规范性引用文件

下列文件对于本文件的应用是必不可少的。凡是注日期的引用文件，仅注日期的版本适用于本文件。凡是不注日期的引用文件，其最新版本（包括所有的修改单）适用于本文件。

GB 11767　茶树种苗

GB/T 19557.1　植物新品种特异性、一致性和稳定性测试指南　总则

ISO 10727　茶和固态速溶茶　咖啡因含量测定　高效液相色谱法

3　术语和定义

GB/T 19557.1 界定的以及下列术语和定义适用于本文件。

3.1

群体测量　single measurement of a group of plants or parts of plants
对一批植株或植株的某器官或部位进行测量，获得一个群体记录。

3.2

个体测量　measurement of a number of individual plants or parts of plants
对一批植株或植株的某器官或部位进行逐个测量，获得一组个体记录。

3.3

群体目测　visual assessment by a single observation of a group of plants or parts of plants
对一批植株或植株的某器官或部位进行目测，获得一个群体记录。

3.4

个体目测　visual assessment by observation of individual plants or parts of plants
对一批植株或植株的某器官或部位进行逐个目测，获得一组个体记录。

4 符号

下列符号适用于本文件：

MG：群体测量。

MS：个体测量。

VG：群体目测。

VS：个体目测。

QL：质量性状。

QN：数量性状。

PQ：假质量性状。

*：标注性状为 UPOV 用于统一品种描述所需要的重要性状，除非受环境条件限制性状的表达状态无法测试，所有 UPOV 成员都应使用这些性状。

（a）～（d）：标注内容在 B.1 中进行了详细解释。

（+）：标注内容在 B.2 中进行了详细解释。

5 繁殖材料的要求

5.1 繁殖材料以一年生或一足龄扦插苗形式提供。

5.2 提交的扦插苗数量至少 50 株。

5.3 提交的扦插苗应外观健康，活力高，无病虫侵害。具体质量要求如下：扦插苗的质量应达到 GB 11767 中 I 级苗木的要求：1）无性系大叶品种：苗龄为一年生，苗高大于等于 30 cm，茎粗大于等于 4 mm，侧根数大于等于 3 根；2）无性系中小叶品种：苗龄一足龄，苗高大于等于 30 cm，茎粗大于等于 3 mm，侧根数大于等于 3 根。

5.4 提交的扦插苗一般不进行任何影响品种性状正常表达的处理（如修剪）。如果已处理，应提供处理的详细说明。

5.5 提交的扦插苗应符合中国植物检疫的有关规定。

6 测试方法

6.1 测试周期

测试周期至少为一个生长周期。

一个完整的生长周期是指越冬芽萌发，经新梢生长直至冬季休眠的过程。

6.2 测试地点

测试应在能保证植株正常生长、性状正常表达以及有利于观测的条件下进行。测试通常在一个地点进行。如果某些性状在该地点不能正常表达，可在其他符合条件的地点进行观测。

6.3　测试时间

测试从定植后第 3 个生长周期开始。

6.4　田间试验

6.4.1　试验设计

申请品种和近似品种相邻种植。

按常规密度 1.50 m × 0.50 m 单株种植。测试品种蜘蛛总数不少于 10 株。

6.4.2　田间管理

按当地常规生产管理方式进行，测试茶树不修剪。

6.5　性状观测

6.5.1　观测时期

性状观测应按照 B.1 列出的时期进行。

6.5.2　观测方法

性状观测应按照表 A.1 和表 A.2 规定的观测方法（VG、VS、MG、MS）进行。部分性状观测方法见 B.1 和 B.2。

6.5.3　观测数量

除非另有说明，个体观测性状（VS、MS）植株取样数量不少于 10 个，在观测植株的器官或部位时，每个植株取样数量应为 1 个。群体观测性状（VG、MG）应观测整个小区或规定大小的混合样本。

6.6　附加测试

必要时，可选用表 A.2 中的性状或本指南未列出的性状进行附加测试。

7　特异性、一致性和稳定性结果的判定

7.1　总体原则

特异性、一致性和稳定性的判定按照 GB/T 19557.1 确定的原则进行。

7.2　特异性的判定

申请品种应明显区别于所有已知品种。在测试中，当申请品种至少在一个性状上与近似品种具有明显且可重现的差异时，即可判定申请品种具备特异性。

7.3　一致性的判定

对于茶树品种，一致性判定时，采用 1% 的群体标准和至少 95% 的接受概率。当样本大小为 10 株时，最多可以允许有 1 个异型株。

7.4　稳定性的判定

如果一个品种具备一致性，则可认为该品种具备稳定性。一般不对稳定性进行测试。必要时，可以种植该品种的另一批无性繁殖材料，与以前提供的繁殖材料相比，若性

状表达无明显变化，则可判定该品种具备稳定性。

8 性状表

根据测试需要，性状分为基本性状和选测性状。基本性状是测试中必须使用的性状，基本性状见表 A.1，选测性状见表 A.2。

8.1 概述

性状表列出了性状名称、表达类型、表达状态及相应代码和标准品种、观测时期和方法等内容。

8.2 表达类型

根据性状表达方式，性状分为质量性状、假质量性状和数量性状 3 种类型。

8.3 表达状态和相应代码

8.3.1 每个性状划分为一系列表达状态，以便于定义性状和规范描述；每个表达状态赋予一个相应的数字代码，以便于数据记录、处理和品种描述的建立与交流。

8.3.2 对于质量性状和假质量性状，所有的表达状态都应当在测试指南中列出；对于数量性状，为了缩小性状表的长度，偶数代码的表达状态可以不列出，偶数代码的表达状态可描述为前一个表达状态到后一个表达状态。

8.4 标准品种

性状表中列出了部分性状有关表达状态可参考的标准品种，以助于确定相关性状的不同表达状态和校正环境引起的差异。

9 分组性状

本文件中，品种分组性状如下：

a）＊植株：树型（表 A.1 中性状 2）。

b）＊植株：树姿（表 A.1 中性状 3）。

c）＊新梢：一芽一叶始期（表 A.1 中性状 6）。

d）新梢：一芽二叶期第 2 叶颜色（表 A.1 中性状 7）。

e）＊叶片：长度（表 A.1 中性状 13）。

10 技术问卷

申请人应按附录 C 给出的格式填写茶树技术问卷。

附　录　A

（规范性附录）

茶树性状表

A.1　茶树基本性状

见表 A.1。

表A.1　茶树基本性状表

序号	性状	观测方法	表达状态	标准品种	代码
1	*植株：生长势 QN （a）	VG	弱	龙井瓜子	3
			中	龙井 43	5
			强	云抗 10 号	7
2	*植株：树型 QN （+） （a）	VG	灌木型	龙井 43	1
			小乔木型	黔湄 419	3
			乔木型	云抗 10 号	5
3	*植株：树姿 QN （+） （a）	VG	直立	碧云	1
			半开张	寒绿	3
			开张	英红 1 号	5
4	植株：分枝密度 QN （a）	VG	稀	云抗 10 号	3
			中	碧云	5
			密	藤茶	7
5	枝条："之"字型 QL （a）	VG	无		1
			有		9
6	*新梢：一芽一叶始期 QN （b） （+）	MG	早	龙井 13	3
			中	碧云	5
			晚	黔湄 419	7
7	新梢：一芽二叶期第二叶颜色 PQ （+）	VG	白色		1
			黄绿色		2
			浅绿色		3
			中等绿色		4
			紫绿色		5

序号	性状	观测方法	表达状态	标准品种	代码
8	*新梢：芽茸毛 QL	VG	无		1
			有		9
9	新梢：芽茸毛密度 QN	VG	稀	龙井 43	3
			中	碧云	5
			密	云抗 10 号	7
10	新梢：叶柄基部花青甙显色 QL	VG	无		1
			有		9
11	*新梢：一芽三叶长 QN	VG/MS	短	锡茶 11 号	3
			中	龙井 43	5
			长	黔湄 419	7
12	*叶片：着生姿态 QN （c） （+）	VG	向上	龙井 43	1
			水平	藤茶	3
			向下		5
13	*叶片：长度 QN	VG/MS	短	龙井瓜子	3
			中	碧云	5
			长	黔湄 419	7
14	*叶片：宽度 QN	VG/MS	窄	藤茶	3
			中	黔湄 419	5
			宽	云抗 10 号	7
15	叶片：形状 QN （+）	VG	披针形	藤茶	1
			窄椭圆形		2
			中等椭圆形	黔湄 419	3
			阔椭圆形		4
16	叶片：绿色程度 QN （+）	VG	浅		3
			中	锡茶 11 号	5
			深	杨树林 783	7
17	叶片：横切面形态 QN （+）	VG	内折	龙井瓜子	1
			平	锡茶 11 号	2
			背卷		3
18	叶片：上表面撑起 QN （+）	VG	无或弱	寒绿	1
			中	藤茶	2
			强	黔湄 419	3

序号	性状	观测方法	表达状态	标准品种	代码
19	叶片：先端形态 QN （+）	VG	钝		1
			急尖	云抗 10 号	2
			渐尖	藤茶	3
20	叶片：边缘波状程度 QN （+）	VG	无或弱	云抗 10 号	1
			中	藤茶	2
			强		3
21	叶片：边缘锯齿 QN （+）	VG	浅	云抗 10 号	1
			中	英红 1 号	3
			深		5
22	叶片：基部形状 PQ （+）	VG		云抗 10 号	1
			钝	锡茶 11 号	2
			近圆形		3
23	花：盛花期 QN （d）	MG	早	龙井 43	3
			中	英红 1 号	5
			晚	黔湄 419	7
24	花：花梗长度 QN	VG/MS	短		3
			中	碧云	5
			长	杨树林 783	7
25	*花：花萼外部茸毛 QL	VG	无	龙井 43	1
			有	黔湄 419	9
26	*花：花萼外部花青甙显色 QL	VG	无	龙井 43	1
			有	碧云	9
27	*花：花冠直径 QN	VG/MS	小	杨树林 783	3
			中	锡茶 11 号	5
			大	云抗 10 号	7
28	花：内轮花瓣颜色 PQ	VG	浅绿色		1
			白色		2
			粉红色		3
29	*花：子房茸毛 QL	VG	无		1
			有		9

序号	性状	观测方法	表达状态	标准品种	代码
30	花：子房茸毛密度 QN	VG	稀		3
			中	龙井43	5
			密	黔湄419	7
31	花：花柱长度 QN	VG	短	杨树林783	3
			中	碧云	5
			长	锡茶11号	7
32	花：花柱分裂位置 QN （+）	VG	低		3
			中		5
			高		7
33	*花：雌蕊相对于雄蕊高度 QN （+）	VG	低于	云抗10号	1
			等高	黔湄419	3
			高于	锡茶11号	5

A.2　茶树选测性状表

见表 A.2。

表A.2　茶树选测性状表

序号	性状	观测方法	表达状态	标准品种	代码
34	发酵能力 QN （+）	MG	弱	龙井43	3
			中	黔湄419	5
			强	云抗10号	7
35	咖啡因含量 QN （+）	MG	无或极低		1
			低		2
			中		3
			高		4
			很高		5

附 录 B
（规范性附录）
茶树性状表的解释

B.1 涉及多个性状的解释

（a）性状 1～性状 5，可在任何时期观测。

（b）新梢：应在每年的第一轮新梢进行观测。

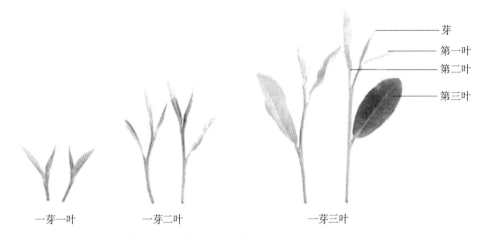

一芽一叶　　　　一芽二叶　　　　　　一芽三叶

（c）叶片：应观测春梢中部完全发育叶片。

（d）花：仅观测开花品种，应在盛花期进行观测，约 50% 花开放的时期为盛花期。

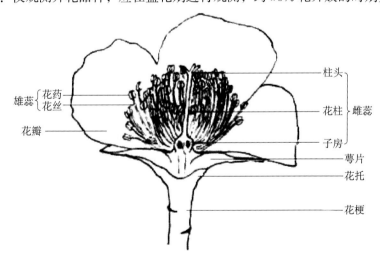

B.2 涉及单个性状的解释

性状分级和图中代码见表 A.1。

性状 2　植株：树型，见图 B.1

  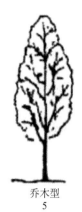

灌木型　　　　　　　　　小乔木型　　　　　　　　乔木型
1　　　　　　　　　　　3　　　　　　　　　　5

图B.1　植株：树型

性状 3　植株：树姿，见图 B.2。

直立　　　　　　　　半开张　　　　　　　　开张
1　　　　　　　　　3　　　　　　　　　5

图B.2　植株：树姿

性状 6　新梢：一芽一叶始期，30% 越冬芽达到一芽一叶始的时期。

性状 7　新梢：一芽二叶期第 2 叶颜色，见图 B.3。

白色　　　　黄绿色　　　　浅绿色　　　　中等绿色　　　紫绿色
1　　　　　　2　　　　　　3　　　　　　4　　　　　　5

图B.3　新梢：一芽二叶期第2叶颜色

性状 12 叶片：着生姿态，见图 B.4。

向上　　　　　　　　水平　　　　　　　　向下
1　　　　　　　　　3　　　　　　　　　5

图B.4 叶片：着生姿态

性状 15 叶片：形状，见图 B.5。

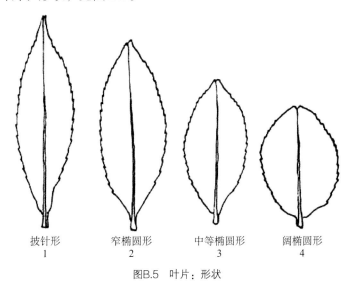

披针形　　　窄椭圆形　　中等椭圆形　　阔椭圆形
1　　　　　2　　　　　3　　　　　4

图B.5 叶片：形状

性状 16 叶片：绿色程度，见图 B.6。

浅　　　　　中　　　　　深
3　　　　　5　　　　　7

图B.6 叶片：绿色程度

性状 17　叶片：横切面形态，见图 B.7。

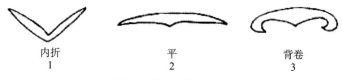

内折
1

平
2

背卷
3

图B.7　叶片：横切面形态

性状 19　叶片：先端形态，见图 B.8。

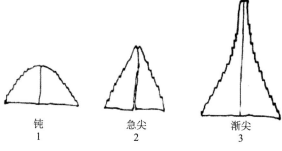

钝
1

急尖
2

渐尖
3

图B.8　叶片：先端形态

性状 20　叶片：边缘波状程度，见图 B.9。

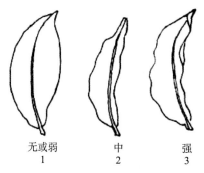

无或弱
1

中
2

强
3

图B.9　叶片：边缘波状程度

性状 21　叶片：边缘锯齿，见图 B.10。

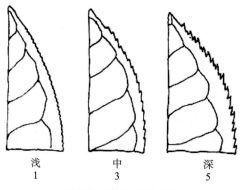

浅
1

中
3

深
5

图B.10　叶片：边缘锯齿

性状 22　叶片：基部形状，见图 B.11。

楔形　　　　　钝　　　　近圆形
1　　　　　　2　　　　　3

图B.11　叶片：基部形状

性状 32　花：花柱分裂位置，见图 B.12。

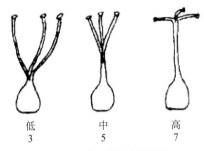

低　　　中　　　高
3　　　　5　　　　7

图B.12　花：花柱分裂位置

性状 33　花：雌蕊相对于雄蕊高度，见图 B.13。

低于　　　　　　等高　　　　　　高于
1　　　　　　　3　　　　　　　5

图B.13　花：雌蕊相对于雄蕊高度

性状 34　发酵能力，采用氯仿试验法。把新梢插入一块板上，放入有 1.5 cm～2.0 cm 深氯仿溶液的密闭容器中，记录新梢变成棕红色的时间。

性状 35　咖啡因含量，应采用每年第一轮一芽二叶新梢样品，新梢采摘后应立即经 120℃～125℃热风烘干，密闭干燥储藏至分析，采用 ISO 10727 规定的方法测定。

表B.1　咖啡因含量及其代码

性状描述	无或极低	低	中	高	极高
咖啡因含量，%	≤ 0.5	0.6～2.0	2.1～3.5	3.6～5.0	> 5.0
代码	1	2	3	4	5

附 录 C
（规范性附录）
茶树技术问卷格式

茶树技术问卷

<table>
<tr><td>申请号：</td></tr>
<tr><td>申请日：</td></tr>
<tr><td>（由审批机关填写）</td></tr>
</table>

（申请人或代理机构签章）

C1 品种暂定名称

C2 植物学分类

在相符的 ［ ］ 中打√。

C.2.1 拉丁名：*Camellia sinensis*（**L.**）**O. Kuntze**
中文名：_____茶树_____

C.2.2 其他
（请提供详细植物学名和中文名）
拉丁名：_____
中文名：_____

C.3 品种特性

在相符的 ［ ］ 中打√。

C3.1 开花特性
开花 ［ ］   不开花 ［ ］

C3.2 始花树龄
4 年以下 ［ ］   4 年以上 ［ ］

C3.3 品种特点

C4 申请品种的具有代表性彩色照片

（品种照片粘贴处）

（如果照片较多，可另附页提供）

C.5　其他有助于辨别申请品种的信息

（如品种用途，品质和抗性，请提供详细资料）

C.6　品种种植或测试是否需要特殊条件

在相符的〔　　〕中打√。

是〔　　〕　　　　否〔　　〕

（如果回答是，请提供详细资料）

C.7　品种繁殖材料保存是否需要特殊条件

在相符的〔　　〕中打√。

是〔　　〕　　　　否〔　　〕

（如果回答是，请提供详细资料）

C.8　申请品种需要指出的性状

在表 C.1 中相符的代码后〔　　〕中打√，若有测量值，请填写在表 C.1 中。

表C.1　申请品种需要指出的性状

序号	性状	表达状态	代码	测量值
1	*植株：树型（性状2）	灌木型	1〔　〕	
		小乔木型	2〔　〕	
		乔木型	5〔　〕	
2	*植株：树姿（性状3）	直立	1〔　〕	
		半开张	3〔　〕	
		开张	5〔　〕	
3	枝条："之"字型（性状5）	无	1〔　〕	
		有	9〔　〕	
4	*新梢：一芽一叶始期（性状6）	早	3〔　〕	
		中	5〔　〕	
		晚	7〔　〕	
5	新梢：一芽二叶期第2叶颜色（性状7）	白色	1〔　〕	
		黄绿色	2〔　〕	
		浅绿色	3〔　〕	
		中等绿色	4〔　〕	
		紫绿色	5〔　〕	

序号	性状	表达状态	代码	测量值
6	*叶片：着生姿态（性状 12）	向上	1 [ ]	
		水平	3 [ ]	
		向下	5 [ ]	
7	*叶片：长度（性状 13）	短	3 [ ]	
		中	5 [ ]	
		长	7 [ ]	
8	叶片：形状（性状 15）	披针形	1 [ ]	
		窄椭圆形	2 [ ]	
		中等椭圆形	3 [ ]	
		阔椭圆形	4 [ ]	
9	*花：花萼外部花青甙显色（性状 26）	无	1 [ ]	
		有	9 [ ]	
10	*花：花冠直径（性状 27）	小	3 [ ]	
		中	5 [ ]	
		大	7 [ ]	
11	*花：雌蕊相对于雄蕊高度（性状 33）	低于	1 [ ]	
		等高	3 [ ]	
		高于	5 [ ]	

ICS 65.020.01
CCS B 04

中华人民共和国农业行业标准

NY/T 3928—2021

农作物品种试验规范　茶树

Specification for the tea variety trials

2021-11-09 发布　　　　　　　　　　　　　　　　2022-05-01 实施

中华人民共和国农业农村部　发布

前　言

本文件按照 GB/T 1.1—2020《标准化工作导则　第 1 部分：标准化文件的结构和起草规则》的规定起草。

本文件由农业农村部种业管理司提出。

本文件由全国农作物种子标准化技术委员会（SAC/TC 37）归口。

本文件起草单位：全国农业技术推广服务中心、中国农业科学院茶叶研究所。

本文件主要起草人：孙海艳、史梦雅、李荣德、王新超、杨亚军、陈应志。

农作物品种试验规范　茶树

1　范围

本文件规定了茶树品种试验方法和试验报告编制等内容。

本文件适用于茶树品种登记等工作。

2　规范性引用文件

下列文件中的内容通过文中的规范性引用而构成本文件必不可少的条款。其中，注日期的引用文件，仅该日期对应的版本适用于本文件；不注日期的引用文件，其最新版本（包括所有的修改单）适用于本文件。

GS 11767　茶树种苗

GB/T 23776　茶叶感官审评方法

GB/T 35863—2018　乌龙茶加工技术规范

NY/T 1312　农作物种质资源鉴定技术规范　茶树

NY/T 2031　农作物优异种质资源评价规范　茶树

NY/Y 2943　茶树种质资源描述规范

NY/T 5010　无公害农成品　种植业产地环境条件

NY/T 5018　无公害食品茶叶生产技术规程

3　术语和定义

GB/T 35863—2018 界定的术语和定义适用于本文件。

3.1

小开面　slight banjhi

新梢生长到芽梢形成驻芽后的顶叶面积为第二叶的 20% ～ 30%。

［来源：GB/T 35863—2018. 3.2］

3.2

中开面　medium banjhi

新梢生长到芽梢形成驻芽后的顶叶面积为第二叶的 31% ～ 70%。

［来源：GB/T 35863—2018. 3.3］

特异茶树种质图志

4　品种试验

4.1　试验点的选择与布局

4.1.1　试验点选择

试验点应选择交通便利、光照充足、土壤肥力一致、排灌方便的地块。环境质量符合 NY/T 5010 的要求。试验点应保持相对稳定。

4.1.2　试验点布局

按照"试验点数量与布局能够代表拟种植的适宜区域"的原则，根据茶树的生长习性，应在拟推广的同一生态区选择不少于 3 个试验点。试验点所在地的气候、土壤、地形、地貌、栽培条件和生产水平应能代表拟推广的生态区域。

4.2　试验周期

试验周期一般不少于 5 周年，定植后的第 3 年（或第 4 年）开始进入生产期，生育期观测产量记载应包括至少 2 个生产周期。

4.3　对照品种

选择试验区域内已经登记或审定的与试验品种适制茶类一致的主栽品种作为对照品种。选育适制红、绿、白、黄茶的品种可选择以福鼎大白茶为对照种；选育适制乌龙茶的品种可选择以毛蟹或黄金桂为对照种。对于特异茶树品种，对照 NY/T 2031 标准，对其生物学特性的特异性进行不少于 3 年 3 次以上的重复鉴定。

4.4　试验设计

试验品种数量应≤16 个（包括对照品种），采用完全随机排列设计，不少于 3 次重复次数。试验地每个小区长度不低于 9 m，小区边缘设置保护行。

4.5　田间管理

4.5.1　种植时间

按照当地种植时期或按照试验品种的最佳种植时期种植。

4.5.2　种植前准备

园地开垦与基肥施用按照 NY/T 5018 的规定执行。

4.5.3　茶树种植

种苗质量符合 GB 11767 中一级苗的要求。每个小区长度≥9 m，双行双株侧窝种植，大行距 150 cm，小行距 40 cm，穴距 33 cm。种植茶苗根系离底肥 10 cm 以上。在茶园行间或试验地周边，按相同标准就地种植 20% 的备用苗用于补缺。发现缺株，及时在适宜移栽季节用备用苗补齐。

4.5.4　田间管理

田间管理水平与当地生产田相当，及时施肥、浇水、治虫、除草，但不应对病害进行药剂防治。各小区田间管理措施应一致，同一管理措施应在同一天完成。

4.6　调查内容和记载标准

记载品种的移栽成活率、物候期、产量、品质、抗逆性等。记载项目与标准应符合附录 A 的规定。

种植过程中，对品种主要农艺性状进行拍照，留存品种表现数据。品种标准图片应包括新梢、叶片、花果以及成株植株的实物彩色照片。

4.7　相关鉴定与检测

4.7.1　品质检测

对茶树品种的茶多酚、氨基酸、咖啡碱、水浸出物含量等进行测定。

4.7.2　抗病性鉴定

对茶树品种的茶炭疽病、茶小绿叶蝉等重要病虫害，耐寒、耐旱性等抗性进行田间鉴定。

4.7.3　转基因成分检测

对茶树品种是否含有转基因成分进行检测。检测方法按农业农村部公告的转基因植物及其产品成分检测的规定执行。

4.8　试验总结

试验结束后，对试验数据进行统计分析，对试验品种产量、品质及抗逆性做出综合评价，并总结主要栽培技术要点，编制试验报告格式见附录 B。

附 录 A

（规范性）

茶树品种试验观测项目与记载标准

A.1 基本情况

A.1.1 试验点概况

主要包括地理位置情况（经纬度、海拔）、地形、地貌、土壤类型和性状（pH、肥力、土层深度）和试验地布置情况（试验品种、对照品种、布置方式、重复次数、小区面积）等。

A.1.2 气象资料

主要包括年、月平均气温、极端高温和极端低温；全年和各月的降水量等。

A.1.3 种植情况

主要包括茶园开垦时间，基肥种类、数量及施用方式，茶苗种植规范、种植时间等。

A.1.4 栽培管理

逐项逐次记载每年所进行的各项管理措施，如耕作、施肥、虫害防治、修剪、灌溉等。

A.2 观测鉴定项目和记载标准

A.2.1 观测鉴定项目

观测鉴定项目见表 A.1。

表A.1 观测鉴定项目

内容	记载项月
移栽成活率	株成活率、丛成活率
物候期	一芽一叶期、一芽二叶期、一芽三叶期
产量特性	发芽密度、百芽重、亩产量
品质特征	适制茶类、感官评审描述、茶多酚、氨基酸、咖啡碱、水浸出物含量
抗逆性	耐寒性、耐旱性、炭疽病抗性、小绿叶蝉抗性
其他特征特性	

A.2.2 鉴定方法

A.2.2.1 移栽成活率调查

茶苗定植后第一年调查成活率，包括株成活率和丛成活率，以 % 表示。调查标准为茶苗地上部无干枯、正常生长视为成活。调查全部种植的茶苗株数和丛数，调查结果按公式（A.1）和公式（A.2）分别计算株成活率和丛成活率。

$$I_z = \frac{P_z}{Z_z} \times 100 \qquad （A.1）$$

式中：

I_z——株成活率的数值，单位为百分号（%）；

P_z——成活苗株数；

Z_z——定植苗株数。

$$I_c = \frac{P_c}{Z_c} \times 100 \qquad （A.2）$$

式中：

I_c——丛成活率的数值，单位为百分号（%）；

P_c——成活丛数；

Z_c——定植丛数。

A.2.2.2　产量特性

A.2.2.2.1　发芽密度

按照 NY/T 1312 的规定执行。

A.2.2.2.2　亩产量

根据品种特性，从定植后第 3 或第 4 年起开始记载，至少记载 2 个生产周期。其中红、绿茶适制品种每年采春、夏、秋茶三季。采摘标准：春茶采一芽一、二叶和同等嫩度对夹叶；春茶第一批鲜叶在一芽二叶期通过之日；夏茶、秋茶采一芽二、三叶和同等嫩度对夹叶。要求春、夏茶留鱼叶采，秋茶留一叶采。乌龙茶适制品种要求春、夏秋三季采摘"小至中开面"的对夹二、三叶和一芽三、四叶嫩梢。各茶类每季茶要分批多次采，各参试品种要严格按照采摘标准采净。雨水叶和露水叶要扣除水分后再称重。产量以小区为单位进行调查，总产量按照株、行距测定值计算面积后折合亩产量。结果以平均值表示，精确至 0.1 kg。

A.2.2.3　品质特征

A.2.2.3.1　感官评审

从定植后第 3 或第 4 年起，至少 2 年重复，按参试品种的适制性或参试目的，选择制作烘青绿茶或红碎茶或乌龙茶。每年制样后每个品种第一批样取不少于 100 g 按 GB/T 23776 进行感官审评。

A.2.2.3.2　适制茶类

依据感官评审结果，确定适制茶类。按照 NY/T 1312 的规定执行。

A.2.2.3.3　茶多酚、氨基酸、咖啡碱、水浸出物

按照 NY/T 1312 的规定执行。

A.2.2.4　抗逆性

A.2.2.4.1　耐寒性

从定植后的第 3 年开始观测，连续 3 年，参照 NY/T 1312 的规定执行，应详细记载相应年度的低温状况。

A.2.2.4.2　耐旱性

从定植后的第 3 年开始观测，连续 3 年，参照 NY/T 2943 和 NY/T 2031 的规定执行，应详细记载相应年份的降水量和温度状况。耐寒性和耐旱性的受害指数按照公式（A.3）计算，精确至整数位。

$$HI = \frac{\sum(n_i \times x_i)}{N \times 4} \times 100 \tag{A.3}$$

式中：

HI——受害指数的数值，单位为百分号（%）；

n_i——各级受冻或受旱丛（株）数；

x_i——各级冻害或旱害级数；

N——调查总丛（株）数；

4——最高受害级别。

A.2.2.4.3　茶炭疽病抗性

从定植后的第 3 年开始观测，连续 3 年，参照 NY/T 2943 和 NY/T 2031 的规定执行。罹病率为罹病叶片数占总叶片数的比值，以百分数表示，精确至一位小数。

A.2.2.4.4　茶小绿叶蝉抗性

从定植后的第 3 年开始观测，连续 3 年，按照 NY/T 2943 和 NY/T 2031 的规定执行。

附 录 B

（资料性）

茶树品种试验报告

B.1　概述

本文件给出了《茶树品种试验报告》格式。

B.2　报告格式

B.2.1　封面

茶树品种试验报告

（起止时间：　　年　月——　　年　月）

试验地点：＿＿＿＿＿＿＿＿＿＿＿＿＿＿＿＿

承担单位（盖章）：＿＿＿＿＿＿＿＿＿＿＿＿

技术负责人：＿＿＿＿＿＿＿＿＿＿＿＿＿＿＿

试验执行人：＿＿＿＿＿＿＿＿＿＿＿＿＿＿＿

通信地址：＿＿＿＿＿＿＿＿＿＿＿＿＿＿＿＿

邮政编码：＿＿＿＿＿＿＿＿＿＿＿＿＿＿＿＿

联系电话：＿＿＿＿＿＿＿＿＿＿＿＿＿＿＿＿

电子邮箱：＿＿＿＿＿＿＿＿＿＿＿＿＿＿＿＿

B.2.2　地理和气象资料、数据

生态类型：＿＿＿＿＿，纬度：＿＿＿＿°＿＿＿＿′＿＿＿＿″，经度：＿＿＿＿°＿＿＿＿′＿＿＿＿″，海拔：＿＿＿＿m，年日照时数＿＿＿＿，年平均气温：＿＿＿＿℃，最高气温：＿＿＿＿℃，最低气温：＿＿＿＿℃，年降水量：＿＿＿＿mm，无霜期＿＿＿＿。地形：＿＿＿＿，地貌：＿＿＿＿，坡度：＿＿＿＿，坡向：＿＿＿＿。

B.2.3　试验地布置和栽培管理

B.2.3.1　试验地布置

试验地布置情况（试验品种、对照品种、布置方式、重复次数、小区面积）等信息。其中参试品种信息汇总表，见表 B.1。

表B.1　参试品种信息汇总表

序号	品种名称	选育方式	亲本来源	选育单位	联系人

B.2.3.2　栽培管理

描述参试品种和对照品种的种植时间，试验期内的苗期和生产周期内的栽培管理措施，以及试验观察和记录方法等。

B.2.4　试验结果

B.2.4.1　移栽成活率调查

移栽成活率调查汇总表见表 B.2。

表 B.2　移栽成活率调查汇总表　　　　　　　　单位为百分号

项目	重复Ⅰ		重复Ⅱ		重复Ⅲ		平均	
	株成活率	丛成活率	株成活率	丛成活率	株成活率	丛成活率	株成活率	丛成活率
参试品种								
对照品种								

B.2.4.2　物候期调查

物候期调查汇总表见表 B.3。

表B.3　物候期调查汇总表

参试品种	观测年份	一芽一叶期		一芽二叶期	
		发芽时期	与对照品种比	发芽时期	与对照品种比
	×× 年				
	×× 年				
	与对照品种比 2 年平均差异天数				
	2 年变化幅度				
	×× 年				
	×× 年				
	与对照品种比 2 年平均差异天数				
	2 年变化幅度				
	×× 年				
	×× 年				
	与对照品种比 2 年平均差异天数				
	2 年变化幅度				

B.2.4.3　产量性状调查

B.2.4.3.1　发芽密度调查

发芽密度调查汇总表见表 B.4。

表 B.4　发芽密度调查汇总表　　　　　单位：个 /33 cm × 33 cm

参试品种	×× 年				×× 年				2 年平均	与对照品种比，%
	重复Ⅰ	重复Ⅱ	重复Ⅲ	平均	重复Ⅰ	重复Ⅱ	重复Ⅲ	平均		

B.2.4.3.2　百芽重、亩产量调查

春、夏、秋茶百芽重、亩产量调查汇总见表 B.5。

表B.5　春（夏/秋）茶百芽重、亩产量调查结果汇总表

参试品种	×× 年				×× 年				2 年平均	
	百芽重 g	小区平均产量 kg	亩产量 kg	与对照品种比 %	百芽重 g	小区平均产量 kg	亩产量 kg	与对照品种比 %	亩产量 kg	与对照品种比 %

B.2.4.4　品质特征

B.2.4.4.1　感官评审

茶树感官评审见表 B.6。

表B.6　茶树感官评审汇总表

感官评审	×× 年										
	外形分	外形特征	汤色分	汤色特征	香气分	香气特征	滋味分	滋味特征	叶底分	叶底特征	总分
参试品种											
对照品种											

B.2.4.4.2　适制茶类

各品种适合制茶类别选择表见表 B.7。

表B.7　品种适制茶类表

适制茶类	绿茶	红茶	乌龙茶	黑茶	白茶	黄茶	其他
参试品种							

B.2.4.4.3　品质检测

茶树品种品质检测结果汇总表参照表 B.8 记载。

表 B.8　茶树品质检测结果　　　　　　单位为百分号

项目	茶多酚	氨基酸	咖啡碱	水浸出物
参试品种				
对照品种				

B.2.4.5　抗逆性调查

茶树耐寒（旱）性评价汇总表见表 B.9，炭疽病抗性评价汇总表见表 B.10，小绿叶蝉抗性评价汇总表见表 B.11。

表B.9　茶树耐寒（旱）性评价汇总表

参试品种	调查项目	××年受害指数，%	××年受害指数，%	××年受害指数，%	××年受害指数，%	3年平均受害指数，%	综合评价
	耐寒性						
	耐旱性						

表B.10　茶树炭疽病抗性评价汇总表

参试品种	××年罹病率，%	××年罹病率，%	××年罹病率，%	3年平均罹病率，%	综合评价

表B.11　茶树小绿叶蝉抗性评价汇总表

参试品种	××年百叶虫口密度，头	××年百叶虫口密度，头	××年百叶虫口密度，头	3年平均百叶虫口密度，头	综合评价

B.2.5　其他特性

根据试验年度内发生的其他具体情况分析记载。

B.2.6　品种综合评价

根据参试品种的表现，提出参试品种在本区域的适应性及表现，以及在本区域应注意的关键栽培技术和风险防范措施。

非主要农作物品种登记指南　茶树

申请茶树品种登记，申请者向省级农业主管部门提出品种登记申请，填写《非主要农作物品种登记申请表　茶树》，提交相关申请文件；省级部门书面审查符合要求的，再通知申请者提交苗木样品。

一、申请文件

（一）品种登记申请表

填写登记申请表（附录 A）的相关内容应当以品种选育情况说明、品种特性说明（包含品种适应性、品质分析、抗病性鉴定、转基因成分检测等结果），以及特异性、一致性、稳定性测试报告的结果为依据。

（二）品种选育情况说明

新选育的品种说明内容主要包括品种来源以及亲本血缘关系、选育方法、选育过程、特征特性描述，栽培技术要点等。单位选育的品种，选育单位在情况说明上盖章确认；个人选育的，选育人签字确认。

在生产上已大面积推广的地方品种或来源不明确的品种要标明，可不作品种选育说明。

（三）品种特性说明

1. 品种适应性：正式投产后，根据不少于 2 个生产周期（试验点数量与布局应当能够代表拟种植的适宜区域）的试验，如实描述以下内容：品种的形态特征、生物学特性、产量、品质、抗病虫性、适宜种植区域（县级以上行政区）及季节，品种主要优点、缺陷、风险及防范措施等注意事项。

2. 品质分析：根据品质分析的结果，如实描述以下内容：品种的茶多酚、氨基酸、咖啡碱、水浸出物含量等。

3. 抗病虫性鉴定：对品种的茶炭疽病、茶小绿叶蝉等重要病虫害，耐寒、旱性等抗性进行田间鉴定，并如实填写鉴定结果。

茶炭疽病抗性分 4 级：抗（R）、中抗（MR）、感（S）、高感（HS）。

茶小绿叶蝉抗性分 4 级：抗（R）、中抗（MR）、感（S）、高感（HS）。

4. 转基因成分检测：根据转基因成分检测结果，如实说明品种是否含有转基因成分。

（四）特异性、一致性、稳定性测试报告

依据《植物品种特异性、一致性和稳定性测试指南　茶树》（NY/T　2422）进行测试，

主要内容包括：

新梢：一芽一叶始期、一芽二叶期第 2 叶颜色、一芽三叶长、芽茸毛、芽茸毛密度、叶柄基部花青甙显色，叶片：着生姿态、长度、宽度、形状，树形，树姿，分枝密度，枝条分支部位，花萼外部茸毛，子房茸毛，生长势，以及其他与特异性、一致性、稳定性相关的重要性状，形成测试报告。

品种标准图片：新梢、叶片、花果以及成株植株等的实物彩色照片。

（五）DNA 检测

（三）（四）中涉及的有关性状有明确关联基因的，可以直接提交 DNA 检测结果。

（六）试验组织方式

（三）（四）（五）中涉及的相关试验，具备试验、鉴定、测试和检测条件与能力的单位（或个人）可自行组织进行，不具备条件和能力的可委托具备相应条件和能力的单位组织进行。报告由试验技术负责人签字确认，由出具报告的单位加盖公章。

（七）已授权品种的品种权人书面同意材料。

二、苗木样品提交

书面审查符合要求的，申请者接到通知应及时提交苗木样品。对申请品种权且已受理的品种，不再提交样品。

（一）包装要求

苗木样品使用有足够强度的防水塑料袋包装；包装袋上标注作物种类、品种名称、申请者、育种者等信息。

（二）数量要求

每个品种为 100 株足龄Ⅱ级以上健壮扦插苗。

（三）质量与真实性要求

送交的苗木样品，必须是遗传性状稳定、与登记品种性状完全一致、未经过药物处理、无检疫性有害生物、质量符合《茶树种苗》（GB 11767）Ⅱ级以上健壮扦插苗。

在提交苗木样品时，申请者必须附签字盖章的苗木样品清单（附录 B），并对提交的样品真实性承诺。申请者必须对其提供样品的真实性负责，一旦查实提交不真实样品的，须承担因提供虚假样品所产生的一切法律责任。

（四）提交地点

苗木样品提交到中国农业科学院茶叶研究所国家种质杭州茶树圃（邮编：310008，地址：杭州市西湖区梅灵南路 9 号，电话：0571-86652835、86650417，邮箱：tgbtri@163.com）。

国家种质杭州茶树圃收到苗木样品后，应当在 20 个工作日内确定样品是否符合要求，并为申请者提供回执单。

附 录 A

非主要农作物品种登记申请表 茶树

品种名称：_____ 品种来源：_____

申 请 者：_____

邮政编码：_____ 地　　址：_____

联 系 人：_____ 手机号码：_____

固定电话：_____ 传真号码：_____

电子邮箱：_____

育 种 者：_____

邮政编码：_____ 地　　址：_____

联 系 人：_____ 手机号码：_____

固定电话：_____ 传真号码：_____

电子邮箱：_____

申请日期：_____

备　　注：_____

　注："品种来源"一栏填写品种亲本（或组合），在生产上已大面积推广的地方品种或来源不明确的品种要标明。

农业部种子管理局 制

选育方式：□自主选育 / □合作选育 / □境外引进 / □其他

一、育种过程（包括亲本名称、选育方法、选育过程等）

二、品种特性			
1. 种类	□茶（*Camellia sinensis*）　　□阿萨姆茶（*C.sinensis* var. *assamica*） □白毛茶（*C.sinensis* var. *pubilimba*）　　□其他		

2. 产量（kg/ 亩）

第 1 生长周期		比对照 ±%		对照名称		对照产量	
第 2 生长周期		比对照 ±%		对照名称		对照产量	

3. 品质

适制茶类	□绿茶　□红茶　□乌龙茶　□黑茶　□白茶　□黄茶　□其他		
茶多酚（%）	氨基酸（%）	咖啡碱（%）	水浸出物（%）
感官审评描述			

4. 抗病虫性

5. 抗寒（旱）性（描述）

6. 转基因成分	□不含有　　□含有

三、适宜种植区域及季节	

四、特异性、一致性和稳定性主要测试性状

生长势		树形		树姿	
分枝密度		枝条分支部位		新梢一芽一叶始期	
新梢一芽二叶期第 2 叶颜色		新梢一芽三叶长		新梢芽茸毛	
新梢芽茸毛密度		新梢叶柄基部花青甙显色		叶片着生姿态	
叶片长度		叶片宽度		叶片形状	

续表

花萼外部茸毛		子房茸毛		百芽重	
其他性状					

五、栽培技术要点：

六、注意事项（包括品种主要优点、缺陷、风险及防范措施等）：

七、申请者意见：

公章
年　月　日

八、育种者意见：

公章
年　月　日

九、真实性承诺：

　　__（品种名称）__ 为 ____（选育单位或者个人）____ 选育的 __（作物名称）__ 品种，该品种不含有转基因成分。本单位（本人）知悉该品种登记申请材料内容，并保证填报的登记申请材料真实、准确，并承担由此产生的全部法律责任。

申请者（公章）：
年　月　日

注：

1. 多项选择的，在相应□内划√。

2. 申请者、育种者为两家及以上的，需同时盖章。

3. 育种者不明的，可不填写育种者意见。

4. 申请表统一用 A4 纸打印。

附 录 B

茶树苗木样品清单

序号	作物种类	品种名称	父本名称	母本名称	产地	生产年份	申请者	育种者	座机	手机	邮箱

本单位（本人）确认并保证上述提交样品的真实性和样品信息的准确性，并承担由此产生的全部法律责任。

申请者（公章）

年　月　日